《美丽北京》丛书主编 朱世龙

美丽北京之
生态文明建设

苗润莲 张惠娜 编著

中国农业出版社

图书在版编目（CIP）数据

美丽北京之生态文明建设/苗润莲，张惠娜编著
．—北京：中国农业出版社，2015.7
ISBN 978-7-109-20606-9

Ⅰ．①美…　Ⅱ．①苗…　②张…　Ⅲ．①生态环境建设
-研究-北京市　Ⅳ．①X321.21

中国版本图书馆CIP数据核字（2015）第140514号

中国农业出版社出版
（北京市朝阳区麦子店街18号楼）
（邮政编码100125）
责任编辑　姚　红

三河市君旺印务有限公司印刷　　新华书店北京发行所发行
2016年1月第1版　　2016年1月河北第1次印刷

开本：700mm×1000mm　1/16　　印张：8.75
字数：100 千字
定价：40.00 元

《美丽北京》丛书
编辑委员会

序

天蓝、地绿、水净、人和的美好家园，是每一个人的梦想，而每一个人的一言一行也在描绘着这美丽和谐的天地画卷。“最是一年春好处，绝胜烟柳满皇都”。让我们迈开脚步，开启美丽北京之旅，去感受首都发展变化的点点滴滴，分享美丽北京建设的成就。

山清水秀之自然美，人面桃花之和谐美，瓜果飘香之甜蜜美，火树银花之绚烂美，从城市到乡村，从自然到人文，从科技到产业，美丽伴随你我。撰写《美丽北京》系列丛书，希望从魅力乡村、生态文明、文化遗产、科技成就、山川田园等多方面来展示美丽北京建设呈现出来的魅力，发现身边之美，激起人们对美的向往与追求。

本研究团队是由北京市科学技术委员会和北京市科学技术情报研究所的研究人员组成，研究团队围绕科技北京、人文北京、绿色北京建设进行了大量研究，本书的编撰是研究团队近年来研究成果的科普化展示。

本丛书的编写过程中，我们走访城镇乡村进

行调研，获得了许多基础数据资料，其中北京市延庆县珍珠泉乡林业站、房山区韩村河镇林业站、密云县蔡家洼村等单位的同志分享的大量精美图片，赵红霞、王彩霞、乔颖、张永红等朋友提供的多年积累的照片为本书增色不少。尹传红老师、赵颖华老师对全书的构思及修改提出了宝贵意见，李鹏老师提供了宝贵的案例并进行了大量文字润色，大大增强了本书的趣味性和生动性。还有其他国内外学者的前期研究成果也为本书提供了宝贵的数据和资料。对此，我们对上述单位和人员致以诚挚的谢意！

本丛书出版得到了北京市科学技术研究院科普大行动项目的资助。对此，团队深表感谢。

在本丛书即将出版之际，再次对所有关心北京建设，为本书写作提供各种资料，以及给予各种帮助和支持的各位专家同仁表示感谢。同时本丛书开启的美丽北京之旅还将继续前行，也诚挚邀请各位朋友加入，为我们提供案例及建议，让我们携起手来，共同来谱写一幅幅更加美丽的画卷。

编　者

2015年4月

前　言

我们不要过分陶醉于我们人类对自然界的胜利。对于每一次这样的胜利，自然界都对我们进行报复。每一次胜利，起初确实取得了我们预期的结果，但是往后和再往后却发生完全不同的、出乎预料的影响，常常把最初的结果又消除了。美索不达米亚、希腊、小亚西亚以及其他各地的居民，为了得到耕地，毁灭了森林，但是他们做梦也想不到，这些地方今天竟因此而成为不毛之地，因为他们使这些地方失去了森林，也就失去了水分的积聚中心和贮藏库。阿尔卑斯山的意大利人，当他们在山南坡把在山北坡得到精心保护的那同一种枞树林砍光用尽时，没有预料到，这样一来，他们就把本地区的高山畜牧业的根基毁掉了；他们更没有预料到，他们这样做，竟使山泉在一年中的大部分时间内枯竭了，同时在雨季又使更加凶猛的洪水倾泻到平原上。在欧洲传播栽种马铃薯的人，并不知道他们随同这种含粉的块茎一起把瘰疬症也传播进来了。因此我们每走一步都要记住：我们统治自然界，决不像征服者统治异族人那样，决不是像站在自然界之外的人

似的，——相反地，我们连同我们的肉、血和头脑都是属于自然界和存在于自然之中的；我们对自然界的全部统治力量，就在于我们比其他一切生物强，能够认识和正确运用自然规律。

——《马克思恩格斯选集》，人民出版社，1995年第2版，第4卷

生态文明　城市文明新标尺

当我们接近一个城市时，最先就是通过耳、眼、口、鼻等感观感知这座城市整体的生态环境，包括空气、水以及钢筋水泥结构中的人与自然、人与人的关系。其中，一座城市的生态文明程度，最容易被人直观地感知到。而一座城市的生态文明程度，也在一定程度上体现了这座城市的社会文明程度。随着人们环境意识的增强，一个城市的生态文明程度逐渐发展成为考核一个区域、一座城市社会文明程度的标尺。

这些年，由于工业化的不断推进和城镇化规模的不断扩大，北京的生态环境变化受到了越来越多人的关注。当北京的街谈巷议由“您吃了吗”的寒暄，转变为对雾霾情况的议论时，可以感知到，这座城市的自然生态乃至社会生态都发生了巨大的变化。透过对北京生态、生产、生活和文化的观察，我们可以看到北京这些年所经历的从风土到人情、从空气到交通的变化，也可以感受到生活在这座城市中的人们的精神风貌的变迁。

什么是生态文明？

生态文明是人类文明发展的一个新的阶段，即工业文明之后的文明形态，是人类遵循人、自然、社会和谐发展这一客观规律而取得的物质与精神成果的总和，是人类在发展物质文明过程中保护和改善生态环境的成果。表现为人与自然和谐程度的进步和人们生态文明观念的增强，是以人与自然、人与人、人与社会和谐共生、良性循环、全面发展、持续繁荣为基本宗旨的社会形态。在当前的社会经济背景下，生态文明建设关系到经济社会的和谐发展，既影响着发展的全局，也决定着发展的可持续。既影响着人类的现在，也决定着人类的未来。

改革开放30多年来，中国采取了一系列有效措施，使生态环境恶化的趋势有所减缓，但生态环境形势依然十分严峻。面临资源相对不足、生态环境脆弱、环境容量有限的基本国情，大力推进生态文明建设，成为打破这一困境的必然选择。生态文明是人类在发展物质文明过程中保护和改善生态环境的成果，表现为人与自然和谐程度的进步和人们生态文明的观念的增强。建设生态文明，是关系人民福祉、关乎民族未来的长远大计。

随着首都人口的继续增加和城市化进程加快，资源紧缺问题和生态环境压力日益突出，北京的城市发展和产业结构调整进入到了新的发展时期，加快转变经济发展方式，已经成为北京当前发展面临的紧迫任务，这就要求北京向生态文明城市挺进。对北京而言，尽管当前改善环境面临着巨大的压力和挑战，但是，也并不是没有解决的办法，关键在于我们怎么去做。

面对这些危机和问题，首先要做到的是让北京的自然生态系统逐步恢复，并形成自净能力，这是解决北京环境问题的出路。如果达不到这样的要求，北京的生态环境问题就会继续恶化，并会引发一系列更为严重的社会问题。

令人欣慰的是，北京已经开始行动。其中，“美丽北京”就是北京积极响应党中央“建设美丽中国”的号召而绘制出的宏伟蓝图。构建“美丽北京”，加强首都生态文明建设，是首都实现可持续发展的必然要求，也是首都率先实现社会主义现代化的必由之路。生态建设是美丽北京建设的重要途径，美丽北京是生态文明建设的必然结果。美丽北京生态文明建设对于北京打造和谐宜居之都、推进首都科学发展和中国特色世界城市建设具有重要的现实意义。

本书通过美丽北京生态文明建设成果和概况的挖掘，展示和反映美丽北京建设的侧面及建设美丽北京中遇到的问题，并提供一些有价值的参考和建议。作为一个北京市民，我们希望北京的生态环境变得越来越好，也希望能通过自身的行动，为北京的生态文明建设做出自己的贡献。

编 者

2015年4月

目录

美丽北京之生态文明建设

第一章　美丽北京　生态之约

北京，是一座有着得天独厚的自然环境和历史沉积的城市，西北有太行山、西山、军都山环抱，城内皇家宫廷、园囿、朝坛及宗教建筑遍布。千百前来的历史更迭，孕育出了北京独特的自然风光和历史文化韵味。

北京的美，体现在雄伟的天安门广场、幽深的古巷胡同等人文景观中；也体现在湖光山色的北海、西山晴雪的香山等独具特色的自然景观里。随着中国经济的逐步发展，中国正在成为世界关注的一个中心，与之相伴的是，首都北京也越来越成为世界关注的焦点。每年，北京的这些景观都吸引了国内外众多的旅游者慕名前来。但随着北京经济的快速发展，环境污染、资源枯竭、交通堵塞等问题逐渐凸显，并逐渐成为影响民生的重大问题。现如今，北京建设世界城市的目标在生态、交通等方面遇到的巨大压力，面临着产业转型和生态文明建设的双重任务。在这样的社会背景下，开展美丽北京建设，是北京生态文明建设的顺势之举。

中国环境问题具有明显的集中性、结构性、复杂性，只能走一条新的道路：既要金山银山，又要绿水青山。宁可要绿水青山，不要金山银山。因为绿水青山就是金山银山。我们要为子孙后代留下绿水青山的美好家园。

——2013年9月7日，习近平在哈萨克斯坦纳扎尔巴耶夫大学回答学生问题时指出。

一、低碳城市：美丽北京的战略抉择

什么是低碳城市？

低碳城市，指以低碳经济为发展模式与发展方向，市民以低碳生活为理念和行为特征，政府公务管理层以低碳社会为建设标本和蓝图的城市。低碳城市建设已成为世界各地很多国家和地区的共同追求，很多国际大都市以建设发展低碳城市为发展目标，关注和重视在经济发展过程中人与自然的和谐相处。

20世纪末，北京开始重视城市的生态文明建设。2010年，北京从建设世界城市的高度着眼，提出将发展绿色经济、循环经济，建设低碳城市作为首都未来发展的战略方向，并制定了《"科技北京"行动计划》和《"绿色北京"行动计划》，引领北京的生态文明建设。

低碳城市建设将催生新的能源革命、新的产业革命和新的生活方式革命。因此，当前发展低碳经济已经成为推进城市可持续发展的必然选择。北京必须以世界眼光和战略思维，主动适应低碳经济的发展趋势，全面认识和把握低碳经济，切实转变发展方式，提高发展质量和效益，增强可持续发展能力。

建设"绿色北京"，实现低碳发展，北京必须进一步加大结构调整和节能减排力度，基本形成节约资源能源和保护生态环境的产业结构、增长方式、消费模式，努力实现节约发展、清洁发展、安全发展和可持续发展，促进经济社会发展与人口资源环境相协调。

事实上，从“绿色奥运”到“绿色北京”，北京在低碳城市建设方面已经做了大量努力。一方面，对不符合首都城市功能要求的企业实施关停改造。另一方面，明确高端产业的发展思路，把发展的重点放在推动高新技术产业、现代服务业、生产性服务业和文化创意产业上，并不断加强中关村、北京商务中心区（CBD）等高端产业功能区、文化创意产业聚集区以及金融后台服务区的建设，提升北京的产业结构。

经过多年努力，目前北京全市第三产业比重已经超过70%，形成了以服务业为主导的产业发展格局，聚集了一大批自主创新资源，提高了区域自主创新的能力，保证了首都经济平稳较快发展。

这些年，北京市还实现了首钢压产搬迁，关停了北京焦化厂、北京有机化工厂、北京化二股份公司等一批高耗能、高耗水、高污染企业，为北京建设低碳城市破除了一些重要障碍。

2012年9月26日，中关村的蓝天白云

中关村广场夜景

发展绿色建筑也是建设低碳城市的重要方面。2013年，北京制定并实施了《北京市发展绿色建筑推动生态城市建设实施方案》，明确了绿色建筑、绿色生态示范区、绿色居住区、绿色生态村镇、绿色基础设施和绿色化改造的“六个绿色”工作重点，并提出在全国新建项目执行绿色建筑标准、居住建筑节能75%、将绿色生态指标纳入土地招拍挂、要求编制和实施绿色生态规划四个“率先”的目标。

自2014年起，北京市住建委不断加强绿色建筑方面信息化平台建设，已初步建成包括绿色建筑评价管理、标识奖励、运行数据、技术推广、项目分布等内容的绿色建筑综合信息化管理系统，功能涵盖绿色建筑标识项目评价、绿色建筑奖励项目申报、绿色建筑适用技术申报、标识项目运营数据统计、标识项目信息查询等。到2015年7月1日，北京市将实现绿色建筑运行标识项目评审的全方位数字化和网络信息化。

根据要求，在“十二五”期间，北京市将创建至少10个绿色生态示范区，以及10个5万平方米以上的绿色居住区。示范区和居住区内二星级及以上的绿色建筑达到40%以上。

如果要完全理解绿色建筑的理念，再过几年，北京的绿色建筑公园就是一个最好的去处。2013年7月16日，以北京绿色建筑公园为起点的“美丽中国·低碳景观行动计划”正式启动。该主题公园位于房山区长阳镇，公园运用超过400种不同的建筑创新和前沿技术，以及全球最先进的社区规划设计，引入了超过300个公司和机构在创新公园展示其创新技术和产品，同时将进行一系列与改善居住区环境相关的景观植物研究。该公园的景观总设计师、设计麦田景观的纪刚表示，绿色建筑公园有别于现存的众多公园，未来全民参与绿色、享受低碳生活也将不再是一句口号。

2014年年初，国家发改委发布了《关于开展低碳社区试点工作的通知》，提出国家低碳试点省市要率先垂范，大力推动低碳社区试点工作。结合国家要求和本市低碳城市试点建设的总体安排，北京也随之积极开展低碳社区创建工作。

低碳社区的创建内容主要包括提倡居民节能节电、绿色低碳出行、节约用水、实施雨水回收利用、实现生活垃圾分类和资源化处理、做好废旧商品的回收和资源化利用、因地制宜推进屋顶绿化等方面。据专家初步测算，通过创建低碳社区，每人每年可减少二氧化碳排放0.7吨。

当前，北京市正在抓紧研究制定低碳社区创建三年实施方案，计划通过三年的努力，在全市16个区县创建100家低碳社区。北京市将通过低碳社区的创建，加快形成针对不同类型社区的控制温室气体排放有效模式，在有效提升居民生活质量的同时，控制城乡居民生活领域温室气体排放过快增长。

蓝天下的天安门

绿树环绕的北海公园

二、魅力乡村：美丽北京的坚强后盾

背景介绍

北京的美丽乡村建设

京郊的美，体现在云中穿越的八达岭，体现在龙庆峡的山谷流响，体现在松山云海和十渡的壮丽景观中。2014年，北京市启动了升级版的新农村建设——“美丽乡村”建设，提出“四美、三园”的建设设想，即从2014年开始，北京通过整治、建设与发展，力争到2020年郊区农村基本建成“田园美、村庄美、生活美、人文美”的“美丽乡村”，使郊区农村成为农民和谐宜居的幸福家园和致富增收的就业田园，成为市民向往的休闲乐园。

美丽的珍珠泉

北京1.6万平方千米的土地上，绝大部分面积为郊区，可以说，郊区的生态环境直接影响着北京这座城市的水源质量和空气质量，也决定着郊区人民的幸福指数。

为加强北京的生态环境建设，早在2004年，北京各郊区县就开展了以农村环境保护和农村环境建设为主要内容的“环境优美乡镇”和“生态文明村”创建活动。在一系列活动打造下，北京郊县的生态环境大有改观。如2011年，密云县、延庆县被评为国家级生态县，累计创建环境优美乡镇123个，生态文明村1 204个[①]。

经过3年的快速发展，到2014年，北京全市已有2个国家生态县，11个国家生态示范区，96个国家级生态乡镇、2个国家级生态村、141个北京郊区环境优美乡镇和2 001个北京郊区生态村。环境优美乡镇和生态文明村建设有力促进了北京的生态乡村发展，大大改善了北京的生态环境质量[①]。

① 数据来源于2014年7月15日北京市环保局和北京市农村工作委员会发布的《北京市环境保护局 北京市农村工作委员会关于开展北京郊区环境优美乡镇和生态村复查工作的通知》。

房山区十渡镇地处北京西南，位于太行山东北端、华北平原西北山区，距市区80千米，部分地段与河北省涞水县相邻。这里的十渡风景名胜区是华北地区唯一以岩溶峰林、峰丛、河谷地貌为特色的自然风景区，景区内山奇水秀、谷壁峭立、峰林叠翠、石美潭深、景致幽胜，被誉为“青山野渡、百里画廊”。尤为难得的是，十渡的负氧离子含量极高，素有“自然空调、天然氧吧”之称。

近年来，十渡镇立足于得天独厚的旅游资源优势，实施旅游立镇、旅游强镇、旅游富民战略，主攻三产，优化二产，提升一产，大力发展旅游富民产业，使十渡经济、社会发展步入了快车道。经过近些年的开发建设，十渡镇已基本形成了吃、住、行、游、购、娱相配套的格局。景区内有蹦极、攀岩等36个旅游项目，18处水面娱乐中心，10大集吃住游于一体的自然景区。这里先后被国家发展改革委列为小城镇经济综合开发示范区、市级风景名胜区、北京市唯一的旅游专业镇、北京市农业结构调整示范镇等，并顺利通过国家旅游局“AAA”级景区评定，这里也是房山世界地质公园的核心区之一。如今，全镇共有48家大型宾馆、培训中心，日接待能力达2万人，年接待游客数百万人次以上。

房山十渡山水

位于慕田峪长城脚下的北沟村，是一个只有150多户340余口人的小村，可是在这个村里，却住着15户外国人。该村已经获得过5项全国荣誉：全国文明村镇、全国民主法治示范村、全国先进基层党组织、全国生态文化村、中国最有魅力休闲乡村等。正是这样一个环境优美的小山村，引来了外国人在此安家。

十渡镇和北沟村还只是北京魅力乡村的一个写照，越来越多的魅力乡镇和乡村正在北京郊区不断涌现。这些地方不乏充满野趣的碧树繁花，崭新的太阳能路灯，干净整齐的街道与房屋，便利的超市商店，新鲜的空气与健康的饮食。如果你是喜欢时尚生活的都市人，在这些地方旅游休闲时同样可以方便地找到网络接入。一些餐馆、宾馆和艺术品工坊，从外观上看与普通农家院落无异，进入内部却是现代风格十足。处在这样的环境中，可以体验到一种别样的味道。

这些年，北京入选的“最美乡村”，无论是长城古韵、运河遗风，还是明清古居、田园雅趣，它们都以独特的风貌吸引着渴望休闲旅游的都市人群。

美丽乡村已成为都市人的心灵故乡

为进一步提升农村生态环境质量，2014年，北京发布了《北京市提升农村人居环境，推进美丽乡村建设实施意见（2014—2020年）》，意见指出，从2014年开始，北京在全市重点推进农村人居环境的整治工作，各郊区县每年以不低于现有村庄15%的比例，推进美丽乡村建设。截至2014年4月底，全市已创建“环境优美乡镇”141个，“生态文明村”2 001个。其中，在郊区建设村级污水处理设施1 010处，日处理污水能力为14.3万吨。

乡村，是北京这样国际化城市不可缺少的一环，乡村美丽了，才会让北京更加充满魅力。如今，进行生态乡村建设已成为北京生态城市建设的重要内容，也是美丽北京建设的坚强后盾。

大兴区留民营丰富的民俗活动

密云县蔡家洼广场

第二章　美丽北京 生态回眸

现在，北京发展遇到最为严重的问题就是缺水。但是历史上的北京并不缺水。从北京的生态变迁可以看出，历史上的北京水系丰富，美丽而富饶。什刹海作为市中心的内湖水域，在明代还有广袤的湿地。由于丰富的水资源和优美的自然环境，过去的北京还形成了著名的燕京八景，太液秋风、琼岛春阴、蓟门烟树、西山晴雪、玉泉流虹、卢沟晓月等美景都体现了人与自然关系的完美结合。

近代以来，随着开发力度的加大，北京逐渐失去了当年的风貌，修复北京的生态环境，恢复北京的美丽，已经成为美丽北京建设的重要目标。

一、北京城的生态环境变迁

（一）森林植被

北京也曾是森林资源异常丰富的地方。在北京一些河流的上游水域，自古以来就覆盖着广阔无边的森林植被，永定河、拒马河上游山地，巨木参天，林密如海，潮河、白河、温榆河上游山地丘陵，松林广数千里，下游平原大片的树木与草原交织，良好的森林植被至唐宋时代依旧保存完好。

研究发现，森林对空气湿度和降水具有比较明显的调节作用，北京的历史记载对此予以了印证。在唐宋以前，北京地区记载的水灾、旱灾屈指可数，可随着辽金、元、明、清4次大规模的砍伐森林，北京开始呈现水旱交替的气候。

北京森林的第一劫是在辽金时代。辽太宗耶律德光升格燕京为陪都，为新建皇宫及新城官民相关建筑，从西山砍伐了不少森林，辽代采伐林木虽然还是小规模的，没有对水系生态环境造成致命的破坏，但是却开了一个乱砍滥伐的头。

金代迁都中都（北京）以后，为兴建中都城，金朝役使的兵士、民夫有百万之众，更有一支30万人的砍伐大军，常年在永定河中上游大肆砍伐林木，数千年原始森林毁于一旦。

金代在北京历史上第一次大规模砍伐森林，破坏比较严重的地方主要集中在交通比较便利的丘陵一带，大山深处的森林保存完好，但是乱砍滥伐的恶果却立刻显现。永定河、潮白河、拒马河等上游水域大片森林被砍伐，水土流失严重。辽金之前，北京几乎没有重大河流水害记载，辽金以后水害频发，辽代200年见于辽史的水灾就有12次。

元代开始，北京遭遇了第二次大规模乱砍滥伐。历史记载，元大都的营建，征调兵士、民夫、工匠超过百万，从至元四年到至元十三年，整整兴建了10年，之后历代帝王个个大兴土木，增建宫城。

为了将砍下的树木运送到元大都，元朝还专门开凿了运河，就是郭守敬设计的金口河，当时浑河（永定河）、潮白河波涛汹涌，从上游山地砍下的原木，扎成木筏顺流而下冲出河口。元代名画《卢沟运筏图》就描绘了当时的情景。

元代伐木还有一个原因就是北京的人口骤增，人口曾达到百万之众，朝廷不止一次解除山林之禁，毁林种田。冬季的燃料也是大问题，往往是朝廷的大军砍伐了大树后，百姓二次跟进，将小树、灌木砍伐一空，使大面积荒山连成一片。

这种砍伐所带来的后果就是北京河流水系进一步恶化，水患明显加剧。元朝104年间，大都区域有52个年份发生水灾，浑河（永定河）、潮白河、拒马河、温榆河、泃河五条河流同时发生大水的情况就有7次，平均每15年就发生一次。

但是此时，北京保留下来的森林面积还是不小的。永定河流域、北京城西的西山一带森林依然比较茂密，还能看到四五人围抱的大树。但到了明代，北京的森林资源开始遭到历史上规模最大、破坏力最强、后果最为严重的破坏。

明代定都北京后，永乐皇帝在元朝皇宫的旧墟上兴建紫禁城、皇城、城池、太庙、社稷坛、天坛、鼓楼、钟楼等规模宏大的宫殿楼阁建筑。朝廷派官员到四川、云南、湖广等地采伐大木，其余木料都在北京河流水域砍伐。有关史料称“昔成祖重修三大殿，有巨木出于卢沟”，后来三大殿毁于大火，重建时又采伐巨木38万根。

明代对河流水系上游森林的破坏，木柴和木炭需求也是一个主要原因。北京冬季寒冷，需要消耗大量木材木炭。有人计算，从永乐迁都北京到明朝灭亡的220多年间，要烧掉40多亿千克木炭，要砍伐810万棵大树。当时朝廷每年征召大量农民进山砍柴，成年累月地砍，许多山林都被砍光了。

明代乱砍滥伐对北京河流水域森林造成了毁灭性灾难，除了一些边远偏僻的深山区外，近山森林尽毁，西部西山、北部燕山满目疮痍，平原森林荡然无存。其导致的后果是北京地区五大河流水系水患灾害愈演愈烈。在明朝立国的276年里，有记载的水灾有95次，平均每3年一次，其中特大水灾就发生了10次，北京顺天府全境河流漫溢决口，庄稼被洪水吞没，房屋冲毁倒塌，人畜淹死无数。

森林的消失也失去了对空气湿度和降水的调节作用，与水灾相对应的，明代北京的旱灾也开始频繁发生。明以前北京旱灾寥寥可数，可是在明代276年间，发生旱灾140次，频率甚至超过水灾，特大旱灾就有8次。明末更是发生了多次连年特大旱灾，崇祯七年至十五年连续9年持续大旱。崇祯十七年李自成率军兵临北京城下时，实际上没有遇到什么抵抗，北京当时基本上已经是一个饥饿和疫病弥漫的死城。

到清初时，北京河流水系中上游森林已经被砍伐殆尽，但在局部地区还存在一定面积的森林，主要集中在名胜园林和禅林寺院，还有险峻偏远的山区。

清代虽然对紫禁城的建设只是修修补补，可是在京郊大规模兴建园林庭苑，200多年工程不断，大型巨木只能从川贵、湖广采办，其余大批木料仍旧依靠流域传统林区供给。粗略统计，清代仅建造仓廒也就是粮仓就需砍伐143 000棵成材的大树，而清代民居四合院则需要砍伐2 400多万株成材的大树。再加上日益成熟的开采西山煤矿和石材、石灰，山上残存的大小树木被一扫而光。被圈地运动搞得失去土地的人们来到深山区开荒垦种，边边角角的残存树林也未能幸免。到清末，北京河流中上游水域森林所剩无几，曾经浩瀚无边的森林彻底毁灭了，更为严重的水灾也随着而来。

康熙皇帝曾经大张旗鼓地治理永定河，并赐名永定，可河流灾害却比明代更加严重。清代268年间，有129年发生了水灾，清末咸丰至宣统60年间，发生水灾51次，其中包括12次严重水灾、2次特大水灾。

与此同时，北京也开始成为缺水的区域。几个世纪以来，北京地区的大规模建设、连绵的战争和人口不断膨胀，使交通便利的平原地区和近山地带生态破坏严重，平原上的森林被破坏殆尽。15世纪初长城向阳坡海拔100米以下均为草原，随着过度用草和草原被逐渐开垦为农田，草原在北京逐渐消失，导致牧区北推，而这也成为北京缺水的重要原因之一。

长期以来，北京平原地区也因潮白河、永定河等多次决口泛滥，造成沙化土地面积达44.13万公顷，占平原地区总面积的69.7%，其中永定河、潮白河、大沙河、延庆康庄、昌平南口等五个地区的风沙危害最为严重，需要治理的裸露沙地面积达8万公顷。20世纪50年代，北京风沙危害频繁，年平均风沙活动日达60.5天。因为森林植被的减少，北京的生态环境已经几乎处于崩溃的边缘。

（二）水　系

历史上的北京是泉城，也是水城，著名的河流有永定河、潮白河、北运河和大清河等，构成了北京的五大水系，即蓟河水系、北运河水系、永定河水系和拒马河水系，五大水系干流都由西北向东南，跨度约为100千米。15世纪以前，北京河流大部分属于生态的健康河流，水量充沛。15世纪以前，北京东北郊有金盏淀、汉石桥湿地，东南有延芳淀，东郊有郊淀，五环以内有水碓湖、麦子淀、将台洼，北部的洼里乡如今还留有芦村、苇子炕和南沙滩、北沙滩、双泉堡等地名。可以说，旧北京湿地遍布，大河可以行舟，漕运船只从通县上溯至积水潭，皇帝的御舟也可以从中南海直达玉泉山和北运河。而如今，"船"已成为北京的游玩工具，"船"的交通功能在北京已经丧失。

潮白河水系是由源自河北承德的潮河和源自河北赤城的白河，进入密云水库后汇入水库，出密云水库后汇为潮白河。如今，曾经水量丰富的潮白河已成为汩汩细流，且会有断流现象出现。

而北运河水系是北京最主要的水系，也是唯一发源于北京的水系，包括温榆河、北运河、沙河和通惠河等河流，但是目前，水量锐减，成为小河。

历史上的玉泉河水量丰富，但近年来，却走到了断流的边缘。断流原因是多方面的，一方面是由于官厅水库建成后，拦蓄了上游来水；另外是永定河上游来水量在逐年减少；还有由于北京地下水位不断降低，造成了玉泉河的断流。

玉河是通惠河的重要组成部分，距今已有700多年历史。北京有关部门组织进行搬迁改造，恢复了部分古河道，并在河道两侧复建了明清风格的四合院群落，重现了水穿街巷、绿树成荫的历史风貌，改善了周围群众的居住环境，成为美丽北京建设的一个典范。

20世纪50年代，北京还有1 347眼泉，直到20世纪50年代，北京城区还有居民靠井水生活，从现留有的三眼井、二眼井、七眼井和王府井等地名可以看出，北京原来是名副其实的泉城。北京城区百年前还可靠3 ～ 5米水井吃水，1999年时，北京的地下水水位是12米，而如今，北京城区地下水的埋深是25米，开采量超出补给量是导致地下水位下降的主要原因。

从表2-1可以看出，在世界城市水资源的比较中，北京的人均水资源远远低于其他国家。

表2–1　世界城市水资源状况比较

城市	东京	伦敦	巴黎	纽约	北京
人均水资源量（立方米）	2 441.1	1 167.9	796.45	791.02	191

与水资源稀缺问题同样严重的是近年来北京水系的严重污染。如亮马河，相传是早年间来京客商马车队进京前洗刷马匹的一条小河，以前被称之为“晾马河”，后谐音为“亮马河”。该河道全长9.3千米，流域面积14.25平方千米，起自东直门外小街，以暗沟与东北护城河连通，向东北流经酒仙桥，在西坝村东入坝河。后来，随着北京城范围的扩大，外来人口的增加，亮马河由清澈的小河，变成污浊不堪的河沟，成了不动水，一度成为周围居民的垃圾场和排污处，水系污染尤为严重。

二、以生态的名义改造北京

新中国成立后，党和政府一直重视北京防沙治沙工作，并逐年进行大规模的植树造林活动。经过半个世纪的努力，风沙治理已经取得了很大的成效。

为了进一步治理北京的风沙灾害，2002年3月，国务院正式批准实施《京津风沙源治理工程规划》，北京北部6个山区县纳入了工程范围。为保护首都生态，北京于20世纪50年代发起了大规模植树活动。经过社会各界半个多世纪的努力，到2009年年底，北京的森林覆盖率已经跃升至36.7%，林木绿化率达到52.6%，城市绿化覆盖率达到44.4%。昔日缺林少绿的北京如今已呈现出城市青山环抱、市区森林环绕、郊区绿海田园的优美生态景观。

延庆秤沟湾新民居

但是北京市面临的生态安全挑战依旧巨大，划定“生态红线”已经尤为必要。所谓“红线”，是指不可逾越的界限。我们可以将生态红线定义为：对于维护国家和区域生态安全及经济社会可持续发展具有重要战略意义，必须实行严格保护的国土空间。它有三个内涵，即：国家和区域生态安全的底线；人居环境与经济社会发展的基本生态保障线；重要物种资源与生态系统生存与发展的最小面积。生态红线是一条管理红线，不是新的保护地，它是在现有保护地的基础上，选择出更重要的地方，作为红线保护起来。

根据要求，我国生态红线的划定包括重要生态功能区、生态环境脆弱区/敏感区、禁止开发区这几个范畴，在具体执行时应该根据实际情况予以划定。

2012年，《北京市主体功能区规划》发布，其中首次设立了禁止开发区域，除必要的交通、保护、修复、监测及科学实验设施外，禁止任何与资源保护无关的建设。《规划》指出，禁止开发区域是按照《全国主体功能区规划》有关要求，禁止进行工业化城镇化开发、需要特殊保护的重点生态空间。包括世界自然文化遗产、自然保护区、风景名胜区、森林公园、地质公园和重要水源保护区6类，总面积约3 023平方千米，约占市域总面积的18.4%。其中，自然保护区共有14处，总面积963平方千米，包括2处国家级自然保护区和14处市级自然保护区；森林公园有24处，总面积781平方千米，包括国家森林公园15处和市级森林公园9处。这些划定生态红线被保护起来的区域，对避免北京生态环境继续恶化将会起到至关重要的作用。

青山绿水环抱的野鸭湖

近年来，在三北防护林工程、京津源风沙治理工程、矿山修复工作、永定河修复工程的生态治理和修复的作用下，北京的生态形势明显好转。北京植被覆盖率不断提高，湿地保护扎实推进，水系治理效果显著，综合治理使北京的城市绿化量稳步增加，郊区生态景观大幅度提升。依据《生态环境状况评价技术规范（试行)》颁布的行业标准，2013年，北京全市生态环境质量指数（EI）为66.6，生态环境质量级别为良，生态环境质量得到改善。其中，北部怀柔、密云等区县生态环境质量最好。

北京西山国家森林公园

山水林田湖是一个生命共同体，人的命脉在田，田的命脉在水，水的命脉在山，山的命脉在土，土的命脉在树。用途管制和生态修复必须遵循自然规律，由一个部门负责领土范围内所有国土空间用途管制职责，对山水林田湖进行统一保护、统一修复是十分必要的。

——2013年11月15日，习近平在对《中共中央关于全面深化改革若干重大问题的决定》作说明时指出。

绿树成荫

为改变生态现状，北京也加大了生态修复和生态美化的步伐。比如园博园锦绣谷就是将原来的首钢垃圾填埋场，经过规划、设计，建成了一个占地20公顷的生态绿地和水面。南海子公园在2010年建成之前，也是一个生活垃圾和建筑垃圾充斥着的非正规填埋场，目前，该公园已成为北京重要的生态区域，植被丰富。这座历经五个朝代的皇家猎苑，如今又焕发出了美丽的光彩，成为北京重要的生态屏障，真正实现了“让城市接近森林、让森林走进城市”的理念。奥林匹克公园原本是一片农田，为迎接奥运会，北京规划、设计建成了奥体公园，不仅实现了大面积绿化、水系建造，还通过水面、湿地、科技等多手段，实现水资源的循环利用和雨水资源化，有效降低了水资源的消耗。

当然，为了推动北京市的生态文明建设，北京市也系统地实施了多个层面的生态工程。

1.城市绿化　给北京带来新风景

概念解读

什么是城市绿化率?

城市绿化覆盖率是城市各类型绿地，包括公共绿地、街道绿地、庭院绿地、专用绿地等合计面积占城市总面积的比率。其高低是衡量城市环境质量及居民生活福利水平的重要指标之一。国外学者认为，城市绿化覆盖率达50%时，可保持良好的城市环境。但目前，中国大中城市和国外多数城市都低于此标准。

一座城市的绿化能给这座城市带来新风景，带来清新的空气和夏日里的阴凉。因此，各大城市都纷纷通过铺设草坪、园林建设、种植树木等方式来增加一个城市的绿化量，提高城市的绿化覆盖量。

依水而建的念坛公园

近年来，北京也注重通过美化绿化来提高城市绿化覆盖率。十年前，北京的平均绿化覆盖率仅为32.68%，人均绿地面积为30.75平方米。近年来，为改善北京的生态环境质量，北京通过各种手段和方式，逐步增加城市绿化量，改善城区生态环境。在义务造林工程、百万亩平原造林等多项重大工程的打造下，北京城市绿化率达到了46.8%。北京城市绿化率的提高是北京多年来重视城市绿化建设的成果。

在城市绿化方面，北京建立了全市公园维护管理费用和村庄绿化养护长效投入政策机制，完善了森林健康经营、代征绿地移交和湿地公园管理等一批重要政策。并围绕增加城市绿化量这一目标，采取规划建绿、见缝插绿、垂直挂绿、立体增绿、拆墙透绿、屋顶铺绿等多种形式，扩大北京的绿色空间。采取“增、补、换、管”等多种措施，实施了三环路增绿添彩工程，形成了“月季成环、大树成线、绿色成链”的优美景观。北京还加快大型公园绿地建设和屋顶绿化、停车场绿化建设以及老旧小区绿化改造项目。多年的努力使北京逐渐显示出了绿树茵茵、青草丛丛、鲜花朵朵的美丽风貌。

城市规划建设的每个细节都要考虑对自然的影响，更不要打破自然系统。为什么这么多城市缺水？一个重要原因是水泥地太多，把能够涵养水源的林地、草地、湖泊、湿地给占用了，切断了自然的水循环，雨水来了，只能当作污水排走，地下水越抽越少。解决城市缺水问题，必须顺应自然。比如，在提升城市排水系统时要优先考虑把有限的雨水留下来，优先考虑更多利用自然力量排水，建设自然积存、自然渗透、自然净化的“海绵城市”。许多城市提出生态城市口号，但思路却是大树进城、开山造地、人造景观、填湖填海等。这不是建设生态文明，而是破坏自然生态。

——2013年12月12日，习近平在中央城镇化工作会议上发表讲话时谈到。

2.生态景观　让北京绚丽多姿

生态景观是社会、经济和自然复合构成的多维生态网络，是自然景观、经济景观及人文景观交织在一起形成的。北京近年来逐渐重视城市生态景观的打造，大力开展首都屋顶绿化和垂直绿化建设工程，并将重点通道绿化建设、重点道路河道绿化、永定河“四湖一线”绿化、五园一带建设、重点小城镇绿化建设等放到了工作重点，使北京的生态景观显著提升。

紫竹桥附近的园林景观

本着因地制宜、适地适树的原则，北京开展了生态景观大道的绿化建设，绿化树种主要选择速生杨、白腊、国槐、元宝枫等乡土树种。这些乡土树种树型美观、抗逆性强、寿命长、比较容易管护。除了乔木和花灌木，林下也广泛种植了二月兰、地被菊等5种地被植物。

以北京温榆河生态景观大道绿化工程为例，这一工程于2010年11月开始施工，北起机场南线康营桥，南至朝阳北路通州段，全长约17.4千米，是连接机场高速、首都机场第二通道、规划京平高速公路、东苇路、金榆路等道路的重要交通要道。温榆河大

道共分为六大景观节点区域，在各节点公园式景观打造中注重“花叶相映、层次丰富、尺度适宜、空间有序”的设计思路。不同的景观节点区域按照四季景观原则栽植应季植物，构成春夏秋冬不同季相景观，同时兼顾其他季相，形成夏景为主兼顾春秋、春景为主兼顾夏秋、秋景为主兼顾春夏的有机景观整体。

经过绿化美化的妫河沿岸

政策解读 2011年，北京市政府对外发布了《关于推进城市空间立体绿化建设工作的意见》，《意见》指出，凡是符合条件的12层以下公共机构所属建筑，都应当实施屋顶绿化；公共建筑的新建或改建项目，符合条件但未将屋顶绿化纳入项目设计的，规划部门将不予审批。《意见》通过强制性和鼓励性政策措施，使城市空间立体绿化成为首都绿化美化的常态工作，提高了城市空间立体绿化工程的建设标准、品质和社会认知程度。

1983年，长城饭店建成了北京第一座空中花园，为这座钢筋水泥的城市增添了一抹绿，也开了北京屋顶绿化、美化建筑空间的先河。1998年，王府世纪停车楼建造了总面积2 500平方米、主要供内部使用的屋顶花园。之后，北京的屋顶绿化逐渐兴盛，大多数由机关、单位、学校拥有，供内部人士使用，面向普通市民开放的屋顶花园只有红桥市场、通惠家园等少数几处。

为提升建筑单位屋顶绿化积极性，北京从2007年开始推行财政补贴政策，给花园式屋顶绿化以每平方米100元至150元的补贴，简式草坪每平方米补贴50元至100元，每年还会有相应的养护补贴。这一补助措施大大提高了单位和市民屋顶绿化的积极性。

郦城小区的屋顶绿化

长安街沿线的屋顶绿化，分布在华贸中心和国家博物馆、北京电视台、京伦饭店、国贸中心、王府井百货、新东安商场、交通部、市政协、公安部、中组部、复兴医院、海洋局等地，多为简式草坪，已经发挥出巨大的生态功能。

红桥市场的屋顶绿化

红桥市场的屋顶绿化

知识小百科

屋顶绿化有何好处？

世界环境保护组织曾经做过调查，城市建筑的屋顶绿化、立体绿化达到70%以上水平时，暑天的气温将会下降5℃，冬季气温则可上升2℃，热岛效应自动解除。屋顶绿化截留雨水还能减轻城市排水系统的压力。数据显示，花园式屋顶绿化可截留雨水64.6%，简式屋顶绿化可截留雨水21.5%。屋顶绿化抑制二次扬尘的功效也不容轻视。据市园林研究所专家测定，花园式屋顶绿化平均滞尘率为31.13%，简式屋顶绿化平均滞尘率也达到

西山森林公园里的桃花

西山晴雪

3. 湿地保护　捍卫北京生命的摇篮

知识小百科

什么是湿地？

湿地覆盖地球表面仅有6%，却为地球上20%的已知物种提供了生存环境，具有不可替代的生态功能，因此享有“地球之肾”的美誉。湿地是人类文明的摇篮，人类的历史就是一部“逐水而居、依水而兴”的历史。尼罗河造就了古埃及文明，幼发拉底河与底格里斯河孕育了古巴比伦文明，印度河与恒河浇灌了古印度文明，长江与黄河则滋养了中华文明。北京的湿地，也孕育了北京的城市发展和文明传承。

湿地是一个独特的、天然或者人造的水生态系统，水深一般不超过3米，是年际和季际水位变化较大的沼泽和水库。从城市发展史来看，湿地是北京生命的摇篮和历史文明的发源地，是北京城赖以存在和发展的根本条件和基础，也是北京文化传承的载体。

北京奥林匹克公园湿地

北京的湿地还承载了北京的很多城市记忆。北京素有“先有莲花池，后有北京城”的古语。南海子是永定河、温榆河冲积平原的交汇处，是北京最大的湿地，“南囿秋风”就是南海子美景的写照。

历史上北京的万泉庄、巴沟、圆明园一带泉源密布，东郊北起水碓子，南至大郊亭、北郊以洼里为中心，湿地植物物种繁多，鱼虾丰富，连绵的湿地构成了北京的风景线。但是20世纪末，随着北京城市建设的加快，北京地下水位逐渐下降，除一些

依山傍水的珍珠泉

著名的大湖泊外，很多湿地几乎全部消失。数据显示，1960年，北京湿地仅剩下12万公顷，占北京面积的7.3%；1980年减为7.5万公顷，占北京面积的4.6%；2012年，北京有湿地1 916块，共5.14万公顷，占北京面积的3.1%。北京由一个水系丰富的城市，变成为世界上最为缺水的大城市之一，只剩下一些与水相关的地名还昭示着这座城市曾经的润泽。

北京现有的5.14万公顷湿地，主要分布在潮白河、永定河、北运河、大清河和蓟运河5大水系。湿地类型以河流、湖泊、水库、人工水渠和稻田为主。在湿地内栖息的植物有1 017种，占全市植物种数的48.7%；栖息的动物有393种，占全市动物种数的75.6%。因此保护现有的湿地资源，其重要性可见一斑。目前北京的天然湿地只占46.4%，人工湿地占到53.6%，绝大部分湿地水深低于2米的优良湿地生态系统国家标准。这表明，北京现有的很多湿地资源生态系统依旧十分脆弱，亟需小心呵护。适当增加湿地资源也已经成为北京的必然选择。

如今，北京已建立了野鸭湖、汉石桥等6个湿地自然保护区，总面积2.11万公顷，其中，密云水库被列入国家重要湿地名录。北京还建立了翠湖国家城市湿地公园和野鸭湖国家湿地公园。延庆县的曹官营、密云县清水河和房山区黑鹳保护小区等也正在建设过程中。

北京比较著名的湿地有翠湖湿地公园、延庆野鸭湖湿地公园、顺义汉石桥湿地、奥林匹克森林公园的叠水花台湿地、大兴南海子郊野公园，其中南海子公园是北京四大郊野公园之一，也是北京市最大的湿地公园。

2013年，北京开始实施《北京市湿地保护条例》，初步形成了以自然保护区为基础，湿地公园为主体，自然保护区小区为补充的北京湿地保护体系。

北京西山国家森林公园湿地景观

政策解读 2013年，北京实施了《北京市湿地保护条例》，改变了北京市湿地保护无法可依的状态。《北京市湿地保护条例》规定，未经批准擅自开垦、占用湿地或者改变湿地用途的，不但要按期恢复湿地原貌，还要按每平方米2 000元以上5 000元以下的标准被处以罚款；投放有毒有害物质、倾倒废弃物或者排放未经处理的污水等行为，将被处5 000元以上5万元以下罚款；造成严重后果的，处5万元以上50万元以下罚款，这是北京有史以来最严格的湿地保护管理制度。

4.水系治理　构建三道防线

政策解读

2012年，北京颁布了《关于加快推进中小河道水利工程建设提高防洪能力的实施意见（2012−2015年）》，计划用4年时间，建成完善的流域防洪减灾体系，实现全市中小河道防洪排水全部达标治理。城六区及重点区域河道的防洪标准达到20～50年一遇，新城及重点镇河道达到10～20年一遇，其他地区河道达到10年一遇。2012年，北京市中小河道治理工程正式开工，标志着全市以中小河道治理为重点的水利工程建设全面启动。

老北京民间素有“先有莲花池，后有北京城”之说。北京的建城史，就是北京依水而居、依水发展的建城史，水是北京建城发展的重要元素。从北京地名中多“水”（如海淀、万泉河、金沟河、旱河路、南坞等）这一现象可以看出，北京历史上的水系十分丰富。

目前，北京共有五大水系，西有永定河，北有潮白河，南有大清河，东有蓟运河，中央有温榆—北运河。5条河流有180多条支流，全市共有425条河流，共长6 000多千米，其中2 585千米承担防洪任务，但基本上都是中小河道。

改革开放后，北京经济迅速发展，人口急剧膨胀，河湖淤泥深厚，污染严重，水环境恶化，环境问题引起了社会的广泛关注。为改变北京“有河没水，有水皆污”的状况，北京加大了对河湖治理的投资和力度，相继治理了转河、北护城河、亮马河、清洋河、凉水河、清河等中心城区重点河湖水系，进一步完善了城市防洪排水体系，改善了城市的水环境状况。

在治理模式上，北京突出了水系的综合治理，构筑了水系治理的三道防线。一是在支流源头及山坡地带，通过调整农业产业结构、封山禁牧等措施，涵养水源，修复生态，减少对下游河湖淤积，控制水土流失。二是大力推进节水型、清洁型产业，发展高效节水灌溉，同时，将农村污水、垃圾集中处理，截污减排，达标排放，加大污染防治。三是加强疏浚河湖，加固堤防，提高防洪排涝标准；充分利用再生水、雨洪水、官厅水、外调水，实现多水联调、循环利用，促进水资源合理利用。

永定河水岸新区

在治理机制上，北京形成了由水务部门牵头，发展改革、财政、环保、林业等部门参加，协调联动，各负其责，共同推进的协调机制。在财政投入方式上，在加大公共财政投入的同时，形成多渠道、多元化投入机制，吸引社会资金投入。建立管护机制，形成市、区（县）、乡（镇）、村水务四级水务管理体制，供水、节水、污水处理统筹管理，确保治理成效。经过多年的努力，北京的水系治理初见成效。

治理中的永定河河道

政策解读 2009年，北京出台了《永定河绿色生态走廊建设规划》，规划包括水配置、水保护、防洪16项工程。该规划将永定河绿色生态走廊建设分为山峡段、城市段、郊野段，根据各段特点制定不同的河道建设策略。山区部分以河道生态基流和水源地保护为主线，平原河流实施“四治一蓄”（治沙坑、治污水、治垃圾、治违章、蓄雨洪）的水生态保护与修复体系。同时，控制水质污染，严禁排放污水到永定河，并投入大量鱼苗以保持生态平衡。

以永定河生态恢复和治理为例，为保护和恢复永定河流域，2009年北京出台了《永定河绿色生态走廊建设规划》，该计划包括了水配置、水保护、防洪等16项工程。该规划将永定河绿色生态走廊建设分为山峡段、城市段、郊野段，根据各段特点制定不同的河道建设策略。山区部分以河道生态基流和水源地保护为主线，平原河流实施治沙坑、治污水、治垃圾、治违章和蓄雨洪的“四治一蓄”水生态保护与修复体系。同时，控制水质污染，严禁排放污水到永定河，并投入大量鱼苗以保持生态平衡。2011年9月，北京市政府投入170亿元打造的17千米长永定河京城段的绿色生态发展带已经向游人开放。治理后的门城湖、莲石湖、晓月湖、宛平湖、园博湖宛如五颗璀璨的明珠，镶嵌在京西大地。

5.绿色产业　北京增长新空间

绿色产业是积极采用清洁生产技术，采用无害或低害的新工艺、新技术，大力降低原材料和能源消耗，实现少投入、高产出、低污染，尽可能把对环境污染物的排放消除在生产过程之中的产业。

沐禾有机农庄

顺应国情民意，这些年北京绿色产业发展迅猛，为北京新一轮产业结构升级提供了巨大的增长空间。北京在加快绿色产业结构调整和优化升级的同时，还结合平原造林工程，积极探索林下经济新模式，努力构建近郊休闲观光、远郊循环示范、山区自然经营等特色产业群，形成合理的产业布局。

近两年，密云县蔡家洼玫瑰情园景区结合自然地形，在山坡丘陵地上依势而建，多种花卉与周围的草地景观、背靠的山体景观形成了一幅大美的浪漫乡村画卷。作为北京市远郊区县首个人工种植打造的玫瑰花园，玫瑰情园目前已成为一个集休闲观光、展示、科普、销售、徒步运动、骑行运动为一体的多功能综合性的玫瑰主题公园。打造玫瑰情园新景区，使蔡家洼实现了农业、文化和旅游三元素的浪漫结合。目前，景区种植面积已达66.67公顷，除丰花1号、四季玫瑰和大马士革等多个玫瑰品种外，同时还可以观赏到薰衣草、罗勒、金光菊、香囊草、红花鼠尾草、月见草等十多种草花。蔡家洼以其独特的魅力，展现了魅力乡村的“生产美、生活美、生态美、人文美”。

蔡家洼的荞麦花

蔡家洼玫瑰园

再以果业为例。近年来，北京推动了传统林业向都市型现代林业的转型升级。特别是发展旅游观光果园，既改善了首都生态环境，又达到了富裕农民的目的。这些年，北京林下经济、森林旅游等新兴产业也蓬勃发展，不仅为北京市民提供了更多的郊游及休闲的去处，也带动了当地农民的就业。

大枣采摘园

各具特色的农产品增加了京郊农民的收入

第三章　生态北京 美丽画卷

一、生态环境——生态美

什么是生态美?

“生态美”是一种由于生态结构健全、生态系统平衡，且被人们感知到的生机勃勃和生气盎然的美。生态美是人与自然生态关系和谐的产物，体现了主体的参与性及主体与自然环境的依存关系。

国槐是北京市的重要景观树种

画卷一：车窗外的风景

随着城市规模的扩张和道路的延展，北京越来越变成一座钢筋水泥的城市。在滚滚车流和一座座林立的高楼包围下的现代人，越来越渴望亲近自然，让自己的生活环境干净起来，靓丽起来，成为都市里很多百姓的愿望。

为美化北京的道路外部环境，近几年来，北京对三环、四环等道路开展了增绿添彩工程，对北京道路车窗外的风景进行绿化和美化。2011年，北京以“月季成环、大树成线、绿色成链”为目标，通过补种植物，增加色彩丰富景观及更换树种等措施，对三环路绿化美化进行升级改造。除了月季，园林绿化部门还在三环路绿化隔离带中补植了1万株大规格乔木，并在一些重要节点和地区增加黄栌、元宝枫等彩叶树种。另外在部分有条件的路段，除现有的行道树外，又增加了第二排行道树，部分重要的桥梁、节点，还种植了常绿爬藤植物进行立体绿化，大大增强了景观效果。为了不断提高环路绿化景观质量，北京还加强土壤的改良，对不适应的树种进行改换，如小老树、断枝残体的花木等。经过园林绿化部门的逐年建设，三环路沿线的绿地、尤其是中间隔离带由各类品种的攀缘月季花筑起的“花墙”景观，已成为展示北京生态美的重要窗口。

街头的花坛

2012年，北京东四环开展了以全面提升东四环景观为前提的增绿添彩工程，通过“补、增、管、换”等方式加厚植物层次、增加彩叶大乔木，形成绿树环绕、色彩缤纷的景观效果，强化了四环的城市景观大道定位。

2014年，为迎接APEC会议，北京实施了怀柔雁栖湖生态示范区绿化、奥林匹克公园及周边绿化和京承高速沿线绿化美化工程这三大工程，为城市增绿添彩。

其中，雁栖湖生态示范区着力打造“一核、一环（八景）、一带”的景观架构。“一核”即核心岛绿化景观工程；“一环”，即沿范崎路、南环路、北环路沿线及雁栖湖东岸形成围绕雁栖湖的绿化景观工程，共有松云邀月、五峰秋韵等八大景观节点；“一带”，即针对雁栖湖西侧、北侧山体视线节点进行景观提升和生态修复。

三环紫竹桥附近的月季花带

为了提升北京的景观效果，北京开展了“市花进社区”活动

奥林匹克公园公共区，包括鸟巢、水立方、国家会议中心周边，以及奥林匹克公园周边道路绿地，均实施了改造提升，并在原有的绿化基础上增加了常绿树和彩叶树。

京承高速太阳宫桥至怀柔桥段也实施了绿化美化提升工程，本着“增绿添彩、填平补齐、加宽加厚、突出重点、打造亮点”的原则，通过增加绿量、营造景观来提升绿色廊道建设水平。

除了以上重点工程，二环路、三环路、四环路、京藏高速等重要联络线的绿化也包含在APEC会议绿化美化工作方案中。通过这样的方式，这些道路的周边绿化又有了新的变化。

画卷二：永定河美景再现

概念分析

什么是生态修复？

生态修复，是指通过人工方法，依靠生态系统的自我调节能力与自组织能力，在尊重自然规律的基础上，辅以人工措施，使发生自然突变或在人类活动影响下受到破坏的森林、草地、河流、湿地、湖泊、沼泽、海岸带、矿区废弃地、城市河道以及城市绿地等生态系统得到恢复或向良性循环方向发展的过程。由于不同区域具有不同的自然环境，如气候、水文、地貌、土壤条件等，这种区域差异性和特殊性要求在生态修复时要因地制宜，具体问题具体分析。

已经实施生态修复工程的永定河河道

“卢沟晓月”曾是北京“燕京八景”之一。但随着永定河多年断流干涸、生态退化，导致“卢沟晓月”这一美景消失了30年。而干涸的永定河河道也一度成为挖沙场和垃圾填埋场，形成了一个面积达140公顷、填埋了30年建筑垃圾的大沙坑。由于生态结构被破坏，生态系统失去平衡，永定河的生态环境非常恶劣。

北京曾经多次想要治理永定河，终因缺水等诸多障碍未能实现。为治理并美化永定河，2009年，北京市选择永定河西的建筑垃圾场作为园博会会址，希望通过园博园的生态修复和美化，恢复永定河的绿色和美丽。

锦绣谷是园博园“化腐朽为神奇”的典范，通过生态修复，将一个20多公顷的建筑垃圾填埋坑打造成了花团锦簇的下沉式花谷。园博园建造工程首先通过生态修复，使得整个园博园里的雨水不往外渗，而是零排放、零处理，通过管道回到绿地里进行土壤改良。精准灌溉科技手段在园博园里也得到了充分的应用。园博园还通过北京市水利规划设计研究院进行了人工湿地净化，使园博湖的水质达到了三类以上标准。另外，园博园还种植了樱桃、月季、紫薇、海棠、石榴、元宝枫、银杏等植物。经过历时3年的生态修复，园博园出现了“水天共一色、花海连成天”的美丽景致，为北京的城市生态修复和美化起到了典范作用，成为通过科学与艺术实现生态修复、变废墟为花园的杰出范例。

北京园博园一角

另外，通过蓄水工程，2010年，阔别京城几十载的“卢沟晓月”美景也再次出现在人们的面前。

按照计划，未来几年永定河北京段将建成170千米、面积约1 500平方千米的生态发展带，建成后的永定河北京段将成为生态河道的示范区、林水相依的景观带、流域文化的展示廊和经济发展的新空间。

蓄水以后，卢沟桥美景再现

画卷三：怡人的千里绿道

什么是绿道？

绿道是指可以供行人和骑车者进入的自然景观良好、以休闲功能为主的绿色开敞空间，具有美化环境、文化展示、健康休闲、沟通城乡等多种功能。北京的绿道被划分为市级、区级和社区3级体系，各级绿道之间还可以相互连通。绿道的景观宽度将根据不同地段而定。绿道的路面多采用透水砖、透水草坪等材料，自行车道统一用白线标识，路面颜色选用暗红色、黑色等深色调。另外，绿道还专门配备游客服务中心、休息驿站、路牌标识、停车场、自行车租赁等配套设施。

19世纪末，欧美一些国家出现了以休闲观光为主的、沿海岸线或风景区而设的绿道，其事实上是一种线性的开放式公园。近年来，一些发达国家着意推动绿色出行，将绿道与城市慢行系统结合起来，为自行车骑行者设计专门的道路，道路设施对骑车者非常友善，比如设有专门的道路标牌，有自动打气装置，停车时供骑车人保持平衡的栏杆，有倾斜角度的垃圾桶等。

为充分利用北京现有的生态建设成果，北京也通过新建或改造绿道沿线绿化景观，提升生态建设品质，为人们进入绿色空间提供便捷、舒适的通道，发挥生态绿地的综合服务功能。北京的绿道建设坚持与绿色生态空间相结合、与景观文化资源相结合、与公共交通衔接相结合、与休闲健康需求相结合。经过几年的建设，北京市已经有了北京营城建都滨水绿道、潮白河绿道、环二环城市绿道、海淀三山五园绿道、东郊森林公园绿道、顺义五彩浅山国家登山步道和通州大运河公园绿道等，为市民的锻炼和休闲提供了极大的便利。

其中，北京营城建都滨水绿道北起木樨地，南到永定门，全长9.3公里，途经西护城河、南护城河以及一段永定河引水渠，是北京市规划的10大城市滨水绿廊之一，完成后两岸绿地将达到30余公顷。

北京营城建都滨水绿道一景

2014年，全长36.09千米的三山五园绿道在国庆期间全线贯通，绿道北起玉泉山，南至闵庄路，东起海淀公园，西至香山路，串联起香山、颐和园、圆明园、植物园等公园，古香道、御道、功德寺、妙云寺、湖山罨画坊等古迹亦分布其间，已经成为居民散步休闲、健身赏景的好去处。

北京绿道平面图（海淀段）

房山长阳公园的绿道

画卷四：鸟的天堂

北京的野鸭湖湿地自然保护区是个令人流连忘返的地方，位于北京市延庆县西北部，总面积6 873公顷，是官厅水库延庆辖区及环湖海拔479米以下淹没区和滩涂组成的湿地，其在2012年已经正式成为国家湿地公园。

野鸭湖湿地

野鸭湖一角

野鸭湖湿地类型多样，动植物资源丰富，是华北地区重要的鸟类栖息地和候鸟迁徙中转站。现有高等植物420种，鸟类近280种，其中有大鸨、黑鹳、金雕、白尾海雕、东方白鹳、白头鹤、白肩雕、白鹤和遗鸥国家一级保护鸟类9种，灰鹤、天鹅等国家二级保护鸟类40种。

自1997年这里建立县级自然保护区以来，野鸭湖就开展了卓有成效的保护管理工作，通过实施一系列的保护工程，这里累计恢复湿地面积2 000余公顷，修建防护栏28千米；建成了华北首座湿地博物馆。2011—2012年，这里又完成了以基础设施建设、栖息地及湿地植被恢复、湿地文化广场建设为内容的湿地保护工程项目，使野鸭湖湿地生态功能、保护管理能力及科普宣教水平得到了进一步提升。

南海子公园

从2005年起，野鸭湖先后建成了1个市级环境教育活动中心、7个市级教育基地、2个县级教育基地、1个高校教学研究基地和1个国家级科普基地。每年保护区都以基地为依托，在“湿地日”“环境日”等不同的纪念日开展形式多样的主题教育活动，为广大学生进行科普宣传、环保教育提供了理想场所。

每年，野鸭湖丰富的湿地资源和优美的湿地景观，都吸引着众多游客到此休闲度假、观光旅游。这里的有氧步行、自行车骑游、电瓶车观光等湿地生态旅游项目，可以使游人抛开城市的喧嚣感受湿地的魅力。观鸟也已成为野鸭湖极具特色的项目之一，每年定期举办的观鸟节更是吸引了越来越多的游客和观鸟爱好者。

二、生态人居——生活美

什么是生活美？

生活美，是生活中能够引起人们愉悦、舒畅、振奋，或使人感到和谐、圆满、轻松、快慰、满足，或者让人产生心旷神怡感，产生有益于人类、有益于社会的客观事物的一种特殊属性。

画卷一：北郎中村——并不盛产医生的生态新村

对于久居都市的人们来说，北京市顺义区赵全营镇的北郎中村似乎还是一个陌生的概念。这是不是一个盛产医生的地方呢？到了以后才发现这原来是个误会：这里只盛产生态农产品，并不盛产医生。不过，北郎中村的来历的确和一位郎中很有关系。

北郎中村有一个美丽的传说：明朝万历年间，这一带疾病流行，人民流离失所。本地有一位郎中用村子里的一口四眼井的井水和其他中药煎制汤药治好了百姓的病，后来人们为了纪念这位恩人，就称四眼井所在的村为北郎中。直到现在，村里还保留着这口井，只是在使用上自来水以后将其封存了起来。

北郎中村曾经是顺义区赵全营镇一个典型的贫困村，直至1992年，村集体资产还不足200万元，而银行贷款却有300多万元。但是到了2005年，北郎中村就发生了翻天覆地的变化，实现经济总收入3亿元，农民人均纯收入1.5万元。现在到北郎中，我们看到的是宽敞整洁、绿树成荫的柏油马路，古朴典雅的村民住宅以及既有经济功能又有美化环境效果的生态农业，这些构成了一幅幅自然、优美而又宁静的现代乡村图画。

北郎中村的特色黑花生

因为距北京中心城区较远，在新时期如何找到可持续发展的路子是北郎中村发展的关键。为此，北郎中村在20世纪90年代末到2001年专门请中国农业大学的教授给村里做了十年发展规划，在规划的指导下，北郎中村集中力量发展籽种、农产品加工配送、观光休闲农业等高端、高效、高附加值的优势产业，闯出了一条发展致富新路，北郎中也变成了京郊一个生态型新村。这些年，因为北郎中村的名气越来越响，这里的许多农副产品都打上了北郎中的品牌，而这还是来自胡锦涛总书记的建议。2004年10月2日，胡锦涛总书记在考察参观顺义区赵全营镇北郎中村这个新农村建设的典型时，给北郎中的村民们提出了共同打造“北郎中”品牌的建议。目前该村已注册“北郎中”商标产品100多种，畅销北京等地，给村民们带来了很大收益。

北郎中苗木花卉基地种植的蝴蝶兰

由于实行规模化养猪，猪粪给北郎中村的环境曾经带来了一定影响。为此，在专家的帮助下，北郎中村全面启动了“环能工程”。目前，该“环能工程”已经形成一个完整的生态链条，具备了粪水治理、生产沼气、生产有机肥和水资源循环利用等综合功能。通过“环能工程”，该村每年可以处理粪水20万立方米，生产沼气50万立方米、生物有机肥5 000吨，并具备了100千瓦机组发电能力，全体村民家家都能用上沼气这种清洁能源。

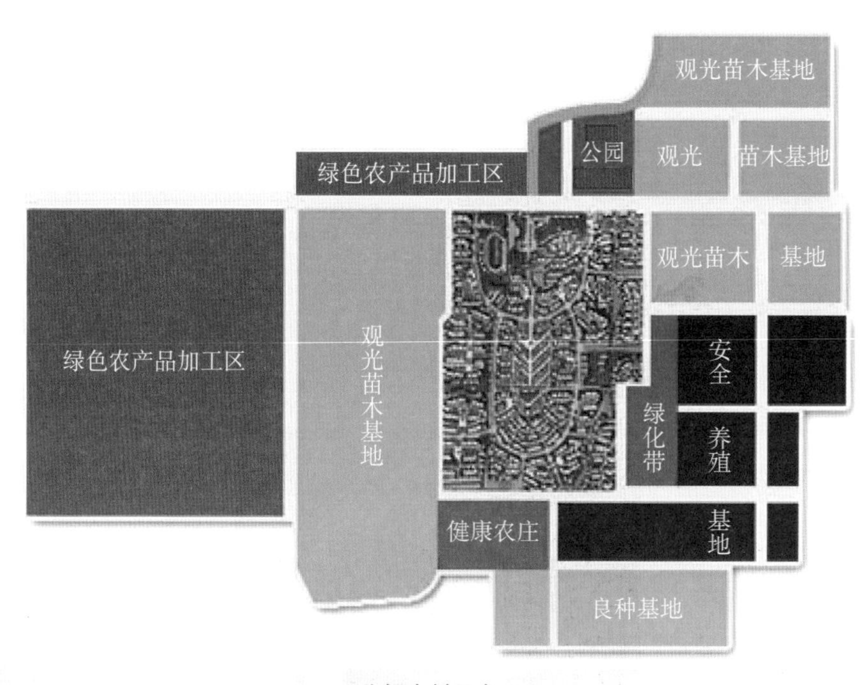

北郎中村示意图

画卷二：留民营村——沼气打造出的“最美乡村”

大兴区长子营镇留民营村有600多年的历史，因流民建村得名，后逐渐改为“留民”。如今这里已经是在国际上“留名”的村庄了。别看村子小，人口不足千人，这里可是北京市有名的“中国生态第一村”。

村子的嬗变是从村里的沼气池建设开始的。20世纪80年代，留民营村农民的生活水平提高后，新的矛盾出现了。当地百姓形容说“锅上不愁锅下愁”，大家煮饭缺柴烧，厕所环境差，粪堆到处都是，每到夏天，苍蝇蚊虫横行。

有没有解决的办法？村干部开始琢磨这个事情。当时他们打听到北京市沼气办正在附近村搞试验。有人透露消息，搞沼气池既可以用沼气煮饭点灯，又可改变环境卫生。于是当时的村书记张占林拍了板儿，在村里建设沼气池。

随后，村干部请来了市沼气办技术人员实际指导，先自费在家里率先建了沼气池搞试验。沼气池上面建鸡舍和猪圈，以人畜粪便和农作物秸秆作为原料，产出沼气煮饭烧水，沼气渣作为农田有机肥料和鱼池饲料。整个过程没损耗，还没污染。

眼瞅着试验成功了，一开始旁观的村民们也开始渐渐接受了这个新尝试。到了1982年，留民营村家家户户都建起了一个8立方米的沼气池，家家都成了一个自我循环的生态小系统。由此，村子开始走上了一条生态农业发展之路，也开创了中国生态农业发展的先河。

1992年和1996年，留民营村又分别建起了一个高温沼气发酵池和一个中温沼气发酵池，每年可产沼气30万立方米，通过地下管道可一年四季为全村农户及集体食堂提供清洁能源，还可以取暖发电，完全替代了家庭沼气池。

当时的联合国秘书长安南到留民营村参观访问，用了一句非洲谚语鼓励村民：“空气不是我们自己的，我们要为自己的后代而保护它。”如今，留民营村以沼气为中心，充分利用生物能和太阳能，串联农、林、牧、副、渔生态系统，形成种、养、加、产、供、销一条龙生产体系。2009年，留民营村实施了“沼气七村联供”工程，使该村及周边六个村1 700户村民用上了清洁能源。留民营村还划分出了有机农业示范区、畜牧养殖区、工业区、有机农业观光和生态旅游区等几个功能区，做到了真正意义上的良性循环和可持续发展。

留民营村优美的生态环境、整齐的现代农业温室、系统的能源利用设施和淳朴的乡风也为观光农业创造了良好的条件。他们以生态文明为特色，发展生态乡村旅游，每年有近10万人次的国内外学者和游客前来参观。

留民营生态村一角

早在1987年，留民营村就被联合国环境规划署授予“全球环保500佳”的称号。多年来，留民营多次荣获“首都文明村”称号，2010年被评为“北京最美的乡村”，2011年又获得了“全国文明村”称号。

饺子宴成为留民营的重要民俗节庆活动

画卷三：长辛店——正在形成的生态示范城

2014年3月10日，由住房和城乡建设部评选并颁布的“绿色生态城区示范项目”正式公布，作为北京市唯一一个具有申报资格的“长辛店生态城”不负众望，获得了此项殊荣，再一次将人们的目光吸引到这片绿色的新兴城区。

长辛店生态城位于北京市丰台永定河西的长辛店镇，由园博园、中关村丰台园西区、长辛店北部生态居住区构成，规划总面积为5平方千米。以前，由于历史原因，该片河畔地区经济发展落后，砂石开采、生活垃圾堆放使区域生态环境日益恶化，不仅破坏了丰厚的历史文化积淀，更限制了这里的发展。2006年，丰台区依照“科技、绿色、人文”的城市发展战略，以“西部生态发展带”为导向，完成“永定河绿色生态发展带”规划，并以长辛店生态城为实验田，开始探索城市可持续发展模式。

美国著名经济学家斯蒂格利茨曾预言，影响21世纪世界经济发展的有两件大事——美国高科技的发展，中国的城镇化。然而，正向的城镇化将为全世界带来福音，负向的城镇化将为全世界带来灾难。

为了科学建设长辛店生态城，在建设过程中，长辛店生态城通过合理的邻里单元空间形态、与本土风力环境相适应的街道网络、地块内微风通道、区域联通的绿色空间、步行可达的公共交通系统、步行与自行车网络的安排，寻找低碳的生态空间解决方案。

出于发挥长辛店生态城示范作用的考虑，北京市规划委员会从环境、资源、社会、经济四个维度制定六大技术策略，提出19项可度量的可持续发展指标，涵盖五大系统、21项落实手段和技术措施，使长辛店生态城建设成为全国首次将生态指标纳入法定规划的城市规划。长辛店生态城不仅在《北京市绿色生态示范区

长辛店生态城规划图

规划导则》《北京市绿色生态示范区评价标准》的编制过程中先行先试、总结经验，而且还成功解决了生态发展目标在城市建设中“落地”的难题。

尤为突出的是，该规划突破国内传统城区规划建设框架，引入国际领先的低碳生态城区理念，在规划过程中采用了以综合资源管理为目标的创新规划工具，依照北京市地域特点，集土地、交通、能源、水资源、废弃物等发展策略，提出了一系列可量化的低碳生态指标，建立了低碳生态的生活与产业混合社区。

同时，长辛店生态城项目也是国内第一个在控制性详细规划层面落实低碳生态指标，并把指标纳入土地出让合同的先行者。其结合北京市控规编制与管理系统，创新性地以法定详细规划指标和规划条件实施低碳发展模式。它的建设实施经验对北京市其他区域及国内其他城市具有较高的示范价值，这也标志着北京市绿色生态城区规划建设已走在全国前列。

园博园是长辛店生态城的重要组成部分

画卷四：密云县——走出生态富民路

“八山一水一分田”，这是对密云县地形地貌的高度概括。其中“一水”就是家喻户晓的密云水库，被称为北京生命之水，密云水库建成以来一直担负着北京水源供给的重任。也正因如此，密云被定位为北京的生态涵养发展区。2014年，北京市密云县被列入了我国第一批生态文明先行示范区建设地区。

但是，长期以来，密云作为北京的生态涵养发展区，只体现了生态涵养，而经济发展较为缓慢。近年来，密云充分发挥自身在生态环境和土地资源方面的优势，找到了适合密云的发展道路。

很多对环境要求较高的企业，正被密云的生态环境所吸引而落户密云。以北京美中双和医疗器械有限公司为例，这是一家生产心脏系列产品的企业，其生产的心脏支架拥有自主知识产权。该企业之所以选择落户密云，看重的就是密云的生态环境，因为他们生产心脏系列产品对环境质量的要求较高。同样因看重密云的生态环境而落户的还有今麦郎饮品公司，吸引今麦郎落户密云的正是这里的水资源，优质的水源为今麦郎提供了最重要的原材料。

由于密云大力实施京津风沙源治理、小流域治理、矿坑植被恢复、平原地区造林和绿化美化工程，其生态涵养能力还在不断增强，并开始显露出巨大的经济效益。密云开始在生态农业方面大做文章，坚持打造生态农业体系，标准化生产基地、有机食品基地、特色农业产业化、休闲农业园区，取得了较好的成效。

2005年，密云县还率先在北京市提出了创建国家生态县的奋斗目标，在全县338个行政村中积极开展生态文明村建设，把生态环境建设与新农村建设有机地结合起来，走出了一条“生产发展，生活宽裕，乡风文明，村容整洁，管理民主”的新农村建设之路。

石塘路村的手工编织

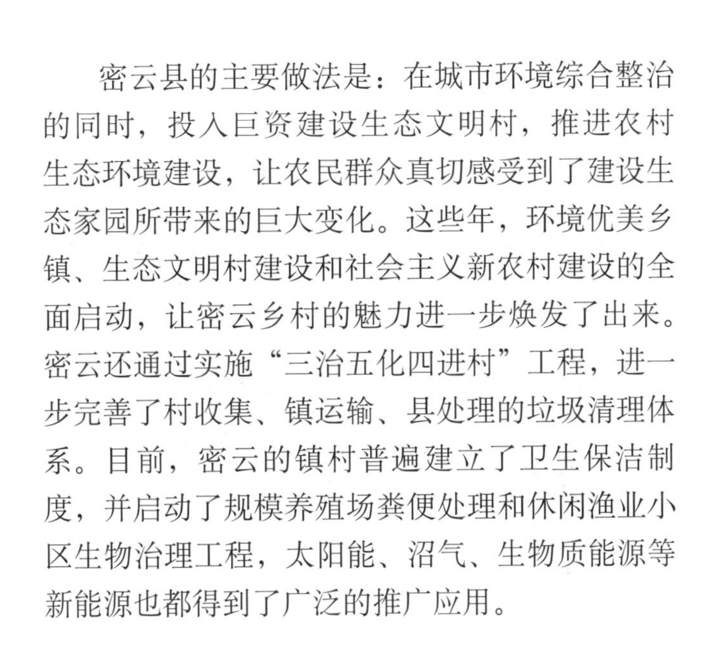

密云县的主要做法是：在城市环境综合整治的同时，投入巨资建设生态文明村，推进农村生态环境建设，让农民群众真切感受到了建设生态家园所带来的巨大变化。这些年，环境优美乡镇、生态文明村建设和社会主义新农村建设的全面启动，让密云乡村的魅力进一步焕发了出来。密云还通过实施“三治五化四进村”工程，进一步完善了村收集、镇运输、县处理的垃圾清理体系。目前，密云的镇村普遍建立了卫生保洁制度，并启动了规模养殖场粪便处理和休闲渔业小区生物治理工程，太阳能、沼气、生物质能源等新能源也都得到了广泛的推广应用。

旅游业也是密云的重要生态产业。密云的旅游资源极其丰富，素有“北京山水大观，首都郊野公园”之称。在创建国家生态县的过程中，密云大力发展生态旅游业，通过对得天独厚的原生态山水的全力打造，对“一湖、三镇、十八景”历史文化内涵进行深度挖掘和凝练，密云生态旅游的品牌底蕴得到了进一步提升。围绕“两河”（潮河、白河）、“三山”（雾灵山、云蒙山、云峰山）、“一线”（水库环线）的生态旅游总体战略规划，密云对全县名山、河川、公路沿线进行资源整合、环境治理、综合开发，为发展生态旅游、提高休闲经济发展水平搭建了良好平台。

密云县张裕酒庄

自实施国家生态县创建以来，密云不断加大生态旅游投资力度，倾力打造“生态密云·休闲之都”的品牌，打造出了以“原生态山水·体验式休闲”为特色的生态旅游新干线。近些年，密云的生态旅游活动精彩纷呈，举办的有影响力的活动项目有山水节、鱼王美食节、踏青赏花节、金秋采摘节、户外运动节、冰雪风情节等。密云的休闲体验活动也异彩纷呈，渔事体验、探险体验、农事体验等多种个性化休闲旅游体验模式吸引了越来越多的游客。

石塘路村的凉亭

古村新貌

画卷五：骑着自行车出行吧！

自行车曾是北京人最主要的出行工具，数量曾经超过千万辆，自行车出行比重曾高达63%，一度被称为“自行车的王国”。但近年来北京人骑车出行的比例骤降。随着经济快速发展，以汽车作为出行工具越来越多。截至2014年，北京市已经拥有汽车总量537.1万辆。汽车数量的快速增长导致北京的交通越来越拥堵。这种情况下，北京开始考虑发展自行车交通，以缓解路面交通压力。针对近年来自行车出行比例逐年下降、机动车数量激增状况，北京市通过开展自行车路权保障专项治理行动、增设自行车停车设施、推进公共自行车租赁等措施，改善自行车出行环境。

北京自行车公路赛一景

在改善自行车行车路况的同时，北京开始大力推动公共自行车租赁行业的发展。2011年，北京启动了公共自行车系统建设试点工作，由企业运营，政府提供启动资金，并给予相关政策扶持。2012年6月，北京市公共自行车服务系统正式启动试运营。市民可在指定地点进行登记和开通一卡通租车功能，同时缴纳200元诚信保障金，就可在任一站点租赁、存取自行车，并享受首小时免费服务，之后每小时收费1元，每日累计收费不超过10元。公租自行车运营服务区域和规模在逐渐扩大，已由最初的东城、朝阳两区，增加到东城、朝阳、丰台、石景山、通州、大兴、亦庄七个区域，实际投放自行车也由2 000辆增加到1.4万辆，分布于全市520个公共自行车服务站点。

珍珠泉旅游服务中心的低碳旅游用自行车

截至2013年年底，北京市已建成2.5万辆公共自行车服务系统，办卡9.2万张，累计骑行次数510余万次。公共自行车网点覆盖范围也从最初的2个区扩大到7个区，方便了市民出行。随着服务范围和车辆规模的增加，北京公共自行车使用率和周转率都在持续上升，其中部分站点超过了10次/天。自行车出行的推广，为北京清洁空气和缓解交通拥堵做出了贡献。

北京大兴的自行车租赁点

三、生态产业——生产美

概念分析

什么是生态产业？什么是生产美？

所谓生态产业是按生态经济原理和知识经济规律组织起来的基于生态系统承载力、具有高效的经济过程及和谐的生态功能的网络型进化型产业。不同于传统产业，生态产业将生产、流通、消费、回收、环境保护及能力建设纵向结合，将不同行业的生产工艺横向耦合，将生产基地与周边环境纳入整个生态系统统一管理，谋求资源的高效利用和有害废弃物向系统外的零排放。

生产美是研究生产中的审美规律以达到运用美学于生产的目的，主要包括产品的美、生产环境的美和生产主体的美育问题三个方面。

画卷一：首钢搬迁的前前后后

首钢曾经是北京的明星企业。1978年，首钢钢产量179万吨，销售收入14.43亿元，成为全国十大钢铁生产基地。20世纪80年代末到90年代初，首钢的年钢产量由100万吨猛增至800多万吨，在中国钢铁企业中排第一位。随着产量和规模的扩大，首钢“三废”对环境的污染和扰民问题逐步凸显。2003年，北京市区的可吸入颗粒物排放量达到71 783.9吨，而首钢排出的可吸入颗粒物就占了近四分之一。

为了迎接北京奥运，减少首钢对北京环境的污染，2005年，国务院决定首钢迁出北京，落户河北的曹妃甸。据环保部门估算分析，首钢搬迁能减少北京每年1.8万吨的可吸入颗粒物。首钢搬迁后，北京将首钢工业区旧址的功能初步定位为“北京西部综合服务中心”和“后工业文化创意产业区”，并进行了修复和绿化，使得首钢的产业转移在不影响石景山和北京的经济生态的前提下，还提高了北京的生态环境质量。首钢工业遗址公园的建设，将成为京西一道亮丽的风景。

首钢遗址公园一角

画卷二：高安屯——展开循环经济产业园试验

知识小百科

什么是垃圾焚烧法？

垃圾焚烧法是一种实践多年的垃圾处理方法。它比起填埋法占地面积小，效率高，曾一度被视为一种“减量快”的好方法，在日本和德国等发达国家大力发展。日本一度建起了6 000多座垃圾焚烧炉，占据世界垃圾焚烧炉数量的首位，其垃圾焚烧企业也随之发展起来。与此同时，也吸引了一些发达国家进行效仿。就这样把垃圾焚烧推向了高潮。

然而，经过上百年的实践，垃圾焚烧法却一直未被广大民众接受，其弊病突出表现在其潜伏性污染更重、耗资昂贵、操作复杂和浪费资源等方面。尽管其污染防治技术在日益改进，但至今尚不成熟，还不能经受住理论和实践的检验。

北京市朝阳循环经济产业园位于朝阳区金盏乡南部，现占地面积244公顷，是北京市第一批循环经济园区试点单位。已建成并投入运营的项目有：卫生填埋场及配套设施、医疗垃圾处理厂、生活垃圾焚烧厂和餐厨垃圾处理厂。这个中心位于朝阳区金盏乡高安屯村，于2002年年底建成并投入使用，最初占地40公顷，主要承担300余万朝阳区常住人口的生活垃圾的处理，设计垃圾处理量为每天1 000吨。2009年，朝阳区高安屯的垃圾无害化处理中心被列入北京首批24家循环经济试点单位，享受税收减免、直接投资补助、优先政府采购、贷款贴息3年等优惠政策。高安屯焚烧发电厂采用炉排炉焚烧技术，主要设备由日本、德国引进，尾气净化系统采用完全燃烧+活性炭吸附，及脱硝处理工艺，严格控制二噁英等有害气体的排放，确保尾气排放符合国家及北京市地方标准。

循环经济产业园区的建设带动了周边环境的改善

垃圾焚烧处理技术可有效节约土地和水资源，实现垃圾减容减量，同时可避免填埋过程中产生的气味污染。但是如何进一步提升垃圾处理的技术、提高管理水平以及谋求和周围区域的和谐共存，依旧是北京市朝阳循环经济产业园现在和未来需要面对的现实问题。

正在建设和使用中的循环经济产业园

画卷三：王平镇——生态修复换新颜

门头沟曾是北京煤炭、石灰和黄沙产业最发达的地区，污染严重。从2005年起，按照生态涵养发展区和首都西部综合服务中心功能定位的要求，门头沟区开始逐步探索生态修复之路。为改善门头沟的环境污染情况，门头沟关闭了270个乡镇煤矿和500个非煤矿山，结束了上千年的小煤窑开采史，实现了地区经济的重大转型。

王平镇是门头沟寻求转型跨越发展的一个典型代表。该镇地处北京市西郊门头沟区中部，总面积46平方千米，曾是京郊重要的煤炭基地，农村产业以煤矿、沙石开采业为主，生态环境遭到严重破坏。为修复被破坏的生态环境，2006年，王平镇开展了河道湿地生态修复工程，并被列为北京市级生态修复示范工程，一期工程总投资额近1 000万元，规划区总面积26万多平方米。其河道湿地生态修复工程包括河道淤积物清理、防渗处理、水生植物种植、生态护岸、水体净化、景观建设等6大类40余小项治理工程，具有行洪、景观双重效果。之后，王平镇以打造特色和精品农业为主线，不断优化农村经济产业结构，实施“生态立镇、旅游强镇、服务兴镇”的发展战略，大力发展都市型现代农业和旅游业，推动了农村经济的绿色转型和跨越式发展。

王平镇京西古道

王平镇健康城在对废弃矿山进行生态修复的基础上，重点建设了国际化的体检中心、养老院等设施，并配建了宾馆、酒店、会议中心、都市休闲农业项目等11个项目。

画卷四：北京成为电动汽车规模最大的城市

近几年，北京市不断创高的PM2.5空气污染值受到人们的普遍关注，大力发展电动车产业成为北京改善空气质量的一条重要途径。

政策解读　2014年1月，北京市发布了《北京市示范应用新能源小客车管理办法》。《办法》规定，北京市新能源车每年共有2万个摇号指标，其中单位和个人各有1万个，对于个人购车者，政府将最高补贴10.8万。对于新能源小客车的政府补贴问题，北京市将采取1:1的补贴政策，即对充满一次电能跑150千米至250千米的新能源汽车，国家标准补贴4.5万，北京市补贴4.5万；对于续航里程超过250公里的汽车，2014年国家和北京市分别补贴5.4万，在购车时，市民均以扣减补贴后的价格购买。根据规定，以后每年的补贴都将减少10%。

2012年4月14日，100辆纯电动出租车在房山区域内投放运营，一举成为当时北京全市运营电动出租车最多的区县。纯电动出租车百公里耗电20多千瓦时，折合20元左右，比传统内燃机出租车烧油便宜60 ~ 70元。为此，房安出租汽车公司实行电动出租车3千米起步价8元，超出每千米2元，不含燃油附加的价格模式。在房山，老百姓乘车距离一般在3千米上下，“黑车”大多收费15元，而乘坐电动出租车能省将近一半费用。另外，由于出租车是电动力，没了发动机的轰鸣声，车里也没汽油味，一些易晕车的乘客上车后都感觉很舒服。因此，电动出租车很快就受到乘客的欢迎，常常出现供不应求的局面。 据了解，在房山区投入使用的100辆纯电动出租车日均行驶里程达200千米左右，经测算与普通燃油车相比一年少排放废气530多万立方米，减少使用汽油53多万升，替代145吨标准煤，能有效地推进节能减排工作进展。

北京房山区的电动出租车

为了进一步推动北京市新能源车的发展，2014年1月，北京市科委、市发改委、市经信委、市财政局以及市交通委联合发布《北京市示范应用新能源小客车管理办法》，明确了新能源小客车生产企业及产品的准入条件、充电设施建设、补助申领等内容。另外，北京市科委还发布了《北京市电动汽车推广应用行动计划（2014—2017年）》，通过政策支持助力北京的电动汽车产业发展。

目前，北京市电力公司已建设智能充换电网络管理服务平台，将实时发布充电停车位信息，并有充电预约、充电信息查询等功能，方便用户在驾车时查询充电桩信息并及时前往充电。

电动出租车充电站

按服务车辆类型和服务领域不同，北京市充电设施主要分为三类，包括公共专用、私人自用和社会公用充电桩。截至2015年2月底，在公交、环卫、出租等公共专用领域，北京已建成充换电场站234座(其中含换电场站5座)、充电桩3 676个，日服务能力超过1.7万车次。目前，北京的新能源车增长进入了稳定阶段，平均每月的上牌数量都在近千辆。可以说，历经多年的技术跟踪、立项和示范运营，目前，北京已成为国内在生产、推广和应用电动汽车方面规模最大的城市。

画卷五：有机农业引领北京农业发展

有机农业是遵循生态系统生态平衡规律，采用一系列可持续发展技术的农业生产体系。有机耕作方式能减少对土壤、水域和野生动物的损害，与现代化学农业相比，有机农业更能保持生物多样性，对生态环境也有更好的保护作用。

2015年农业嘉年华展示的有机种植方式

北京的有机农业是20世纪90年代顺应世界农业发展潮流发展起来的。大力发展有机农业，是北京打造特色农业产业的重要手段，能有效地促进首都农业产业的转型升级，增强北京有机农产品在国内外市场的竞争力，对增加北京农民收入、加快北京新农村建设步伐、保护北京生态环境、维护公众健康意义重大。

大兴区留民营村就是北京发展有机农业最为成功的典型。这个村子曾经获得了荷兰阿姆斯特丹的“世界有机种植者大奖”。1997年，留民营生态农场组建了北京青圃蔬菜公司，对100公顷土地进行有机蔬菜的开发和生产。2002年，北京青圃公司60多个品种的有机蔬菜通过原国家环保总局有机食品发展中心的有机食品认证。2003年，留民营成为国内最早一批自发从事有机农业生产的基地。2006年，留民营日光温室达到180栋，年产有机蔬菜3 800吨，年销售2 000余万元。目前该村种植总面积120公顷，年产72余种有机蔬菜450万千克，年产值达2 000多万元，年利润近200万元，产品常年销往京津两地，已经成了北京市名副其实的有机农业基地。

北京延庆县刘斌堡乡刘斌堡村，距离北京城区100多千米，这里三面环山，环境清幽，森林覆盖率85%以上。3年前，法学博士张作顺经多方考察，看中这块上风上水发展有机农业的宝地，与当地洽谈承包了刘斌堡盆地北坡80多公顷的山地，建大棚种蔬菜，种植玉米与大豆，建立生态养猪场，养殖山羊；把几百亩的森林用围栏圈起来，开展山地养鸡，初步形成有机循环农业的产业链。

丰台的有机黄皮京欣一号西瓜

近年来，北京有机农业发展受到了政府、企业、农户及消费者的广泛关注。为引导和促进有机农业规范、快速发展，北京出台了一系列相关政策措施。目前，北京已发展成为我国最大的有机农产品市场，市场份额几乎占到国内份额的1/3左右，并形成了较为稳定的有机农产品消费群。

2015年农业嘉年华上展示的北京特色有机农产品

四、生态文化——文化美

概念分析

什么是生态文化及生态文化美?

生态文化是从人统治自然的文化过渡到人与自然和谐的文化。生态文化重要的特点在于用生态学的基本观点去观察现实事物，解释现实社会，处理现实问题，运用科学的态度去认识生态学的研究途径和基本观点，建立科学的生态思维理论。

生态文化美，是通过生态文化教诲，引起人们愉悦、舒畅、振奋或使人感到和谐、圆满、轻松、快慰、满足或让人产生心旷神怡感，从而更有利于人与自然的生态和谐。

画卷一：古北水镇——北方的水乡

北京远郊区县一直以来有着浓郁的生态文化底蕴。其中，以密云千年古镇古北口为最。古北口自古以雄险著称，《密云县志》上描述古北口“京师北控边塞，顺天所属以松亭、古北口、居庸三关为总要，而古北为尤冲”。古北口以其独特的军事文化吸引了无数文人雅士，苏辙、刘敞、纳兰性德等文词大家在此留下了许多名文佳句，更有康熙、乾隆皇帝多次赞颂，以“地扼襟喉趋溯漠，天留锁钥枕雄关”来称颂它的地势险峻与重要。

古北口众多的古迹

古北口的杨令公庙

古北口镇也是万里长城的重要分布区域，这里的司马台长城城墙依险峻山势而筑，并以奇、特、险著称于世。这段戚继光负责修筑的长城也是目前所能看到的惟一一段保留明代原貌的长城。另外，这里有七郎坟、令公庙、琉璃影壁靠大道等古迹，还拥有密云五音大鼓，九曲黄河阵灯会、蝴蝶会等民间流传等古老艺术。这些资源让当地充满了深厚的文化底蕴。密云县以发展生态旅游为目标，主打“生态密云·休闲之都”的品牌，古北水镇就是其中的典型。

非物质文化遗产——五音大鼓
（密云文化馆张永红摄）

非物质文化遗产——蝴蝶会
（密云县文化馆张永红摄）

古北口镇重点打造的古北水镇在原司马台三个自然古村落的基础上聚合而成，拥有原生态的自然环境、珍贵的历史遗存和独特的文化资源。在古北水镇的开发建设过程中，这里始终将文物保护、古建筑修缮和基础设施的重建列为首要任务。为了保护原有古建筑，不破坏原始风貌，本着“修旧如故，整修如故”的原则，采用了大量的古建材料和传统修缮手法，力求真实还原一个长城小镇的繁华旧貌。

结合原有文化和自然资源，古北水镇整体规划为“六区三谷”，即分为老营区、民国街区、水街风情区、卧龙堡民俗文化区、汤河古寨区、民宿餐饮区与后川禅谷、伊甸谷、云峰翠谷。经过四年时间的建设修复，2014年古北水镇正式开放，如今方圆9平方千米的度假区古朴、典雅、风景如画，鳞次栉比的房屋，青石板的老街，悠长的胡同，无不展现了北方民国时期的古镇风貌。水镇内河道密布，古老的汤河支流萦绕其间，古建、民宅依水而建，在清新空气、蓝天白云、绿水波涛、参天白杨的掩映之下，宛如一片鲜为人知的世外桃源。

夜幕降临后，这个精心规划的古镇水乡开始在夜景中显出超凡脱俗的魅力。摇曳的波光和灯光交相辉映，冷峻中透出丝丝温馨，不论是构思的精巧还是气势宏大，都堪称国内首屈一指，成为不容错过的美景。如今，这里成为了集观光游览、休闲度假、商务会展、创意文化等旅游业态为一体的综合性特色休闲及旅游度假目的地。

画卷二：水峪村——世外的桃源

房山区深山中的南窖乡水峪村历史悠久，素有文化古村的美誉，老祖宗留下的古宅、古碾、古中幡、古商道成为许多游客最喜欢探寻的地方。 走进这里，仿佛一下子来到了传说中的世外桃源。

水峪村里散布着大大小小的128盘古石碾，因此村子也被誉为“石碾收藏世界之最”，并在2008年获得了上海大世界吉尼斯中国收藏之最证书。如今，古石碾已经是村民眼中特有的“吉祥物”。这些古石碾大小不同，用途也各异，最重的一盘直径约1.8米，仅碾轱就重达150多千克。专家们考证发现，石碾大多为清代中后期的物件，最早的是道光十八年（1838年）制造。不过村中的村民普遍认为有的石碾或许年代更久远，只是因为碾上没有刻字而无从考究。令人惊奇的是，目前这里有几盘石碾还在发挥着它的功用，比如西村西瓮城附近的石碾还经常被当地村民用来磨米磨面。

水峪村形成于明朝初期，至今还保存着100余套、600余间的原生态古民居。这里80%的人都姓杨，最具代表性的建筑就是杨家大院了。杨家大院建设以北方风格为基准，石砌而成，大院四进四出，房间足足有36间之多。据记载：杨家大院又名学坊院，始建于清乾隆年间，杨玉堂和其父经营了八座煤矿而成为巨富，于是雇佣三十几名匠人，经三年时间盖成了这座气势恢弘的学坊院。至今，院内还住着几位年逾古稀的老人，每逢游客到此寻访，他们都会热情地讲上几段有关老宅的扣人心弦的故事。

经过数百年的历史积淀，水峪村还形成了以中幡、大鼓、秧歌等为主的庙会文化。水峪村的中幡可以追溯到明洪武永乐年间，盛于清咸丰年间。起初是作为民间自发的堂会仅限于村民自娱自乐表演。每逢庙会、重大民间节日，村民有耍幡祈雨纳福的风俗习惯，后来演化成集体型表演代代相传至今。

多年来，中幡是当地百姓农闲时节、节日庆典的重要娱乐形式，也是当地百姓文化生活不可或缺的重要内容。现在也成为周末和节假日招待游客的保留节目。中幡又分大幡、小幡，大幡重25千克，小幡重15千克。20世纪70年代中期，村里精通中幡的老艺人组建起了由30人组成的中幡队，经过20多年发展，表演动作由传统的30余个丰富完善为60余个。原来村中是男子耍中幡，后因大多数青壮年男子外出工作，为了不让这门传统艺术失传，很多留守妇女就肩负起了传承的任务。经过多年的发展，女子中幡队也成了水峪村最具有特色的文化活动项目。2007年，水峪村的中幡被列入北京市非物质文化遗产名录，该项目还曾参加过2008年奥运会开幕式、国庆60周年演出等重大活动。中幡表演声名远播，专程邀请他们出山表演的组织络绎不绝，还成为水峪村招待游客的“保留项目”。

近几年来，水峪村充分挖掘山村文化内涵，整合特色旅游要素，以古宅、古碾、古中幡为代表的山区民俗文化旅游业正在兴起。完全自然状态的生态环境，历史悠久的乡村文化陈迹，表露出和城市及现代生活完全不一样的气息，难怪越来越多的人开始到这里来寻古探幽。

2014年年初，房山区水峪村被住房城乡建设部、国家文物局列入第六批“中国历史文化名村”。这也是房山区第一个、北京市第五个中国历史文化名村。2014年，水峪村已从北京市文物局处获得200万元项目资金，专门用于村落文物古迹、历史建筑等保护工程。等到所有的修缮工程完成以后，这里将会成为北京乡村历史文化游一个必不可少的去处。

第四章　北京离生态文明还有多远

一、北京的环境治理是个系统工程

在申办2008年奥运会时，北京市在全球率先提出了创办“绿色奥运”的口号。奥运前，北京就开始着手大规模的城市建设与美化。奥运会后，北京市又提出了建设“人文北京、科技北京、绿色北京”的口号，并针对性地制定了绿色北京行动计划，将北京的现代化建设和生态文明建设结合起来，构建世界级绿色现代化的大都市。

郁郁葱葱的天坛公园

从“绿色奥运”到“绿色北京”，北京在低碳城市建设方面集聚了重要的优势资源和城市建设经验，北京的生态文明建设成效显著。根据《2013年北京市环境状况公报》数据显示，2009年到2013年，全市生态环境质量指数基本保持在66左右（65.9 ~ 67.1），生态环境质量为良，在全国处于中上等水平。

2009年，北京大学和北京林业大学组织课题进行各省市生态文明建设评价，在这两份报告中，北京均排在第一位。2014年，在中国经济周刊与北京大学中国生态文明指数研究小组发布的《2014年中国省市区生态文明水平报告》中，排到了福建、海南、上海之后，位居第四。从这三项科研报告可以看出，北京的生态文明建设成效显著。

随着美丽北京建设开展的深入，北京已从绿色产业、绿色科技、绿色消费、绿色文化、绿色教育等多方面进行生态文明建设。北京的生态环境建设，已经引起了上至国家领导，下至普通百姓的共同关注。为了北京的美丽未来，北京还会继续加强生态城市建设。

待到山花烂漫时

2014年，习近平在北京考察工作时指出，像北京这样的特大城市，环境治理是一个系统工程，必须作为重大民生实事紧紧抓在手上。大气污染防治是北京发展面临的一个最突出的问题。要坚持标本兼治和专项治理并重、常态治理和应急减排协调、本地治污和区域协调相互促进，多策并举，多地联动，全社会共同行动。要深入开展节水型城市建设，使节约用水成为每个单位、每个家庭、每个人的自觉行动。

2014年1月，北京市市长王安顺表示，北京将投入7 600亿元治理雾霾。主要围绕清洁空气行动计划的实施投放，重点是压减燃煤、控车减油、治污减排、清洁降尘四个领域，让我们看到了美丽北京建设的宏伟蓝图。

二、北京生态的净化和调整是一个长期的过程

> 高耗能、高污染、高排放问题如此严重，导致河北生态环境恶化趋势没有扭转。这些年，北京雾霾严重，可以说是“高天滚滚粉尘急”，严重影响人民群众身体健康，严重影响党和政府形象。
>
> ——2013年9月23—25日，习近平在参加河北省委常委班子专题民主生活会时上指出。

在希望的田野上

在人们生态意识日益觉醒的今天，对健康环境的需求，已成为民众的重要心理诉求。北京APEC蓝的展现，让民众对蓝天白云有了更多的期望，民众期待空气质量和生态环境能有大的改善，这对政府的生态治理提出了更高的要求。而对于北京的生态环境建设来说，由于气象条件和地理环境等多种因素影响，北京生态环境的修复，还需要大量资金和技术的投入。而人们生态行为和生态观念的培养，也不是一朝一夕就能完成的事情。可以说，北京的生态文明建设，还面临着诸多的难题需要解决。

2014年，北京市关停退出了392家一般制造业和污染企业，拆除中心城商品交易市场36个，淘汰老旧机动车47.6万辆。在控制人口方面，截至2014年年底，北京市常住人口2 151.6万人，比上年末增加36.8万人，增量比上年减少8.7万人，增速比上年回落0.5%。即使付出了这样的努力，2014年，北京市空气中细颗粒物年均浓度实际下降了4%，距下降5%左右的目标还是存在着一定的差距。那么，我们还要等多久才能告别雾霾，经常拥有蓝天白云？北京，离生态文明，到底还有多远呢？

有关专家认为，目前中国的环境压力已经处于世界之首，环境资源问题比任何国家都突出，解决起来比任何国家都困难。这是我们国家目前环境问题的一个现实。

近些年来，随着中国经济的高速发展和人类活动的扩张及对自然环境的侵害，我国的自然生态系统已经出现了很大的问题。以前，由于人们的污染和破坏较少，我们的环境并没有遭受太大的压力。这主要是因为我们的水、土壤、大气和生物系统有很强的自净能力，这个系统自身能够对出现的一些问题进行调节与修补。

但是现在，自然界的这个自净系统已经遭到了人为的破坏。在很多地方，人类的活动和污染程度已经大大超过了自然生态系

统维持平衡的限度，因此问题就变得越发严重起来。虽然针对当前严重的环境问题，我国已经采取一系列的举措，但是依旧没有从根本上扭转目前整体环境继续恶化的趋势。

就北京而言，作为一个特大型城市，北京的资源结构、能源结构与2 000多万的人口规模面临着诸多难题，进行生态文明建设依旧面临着巨大的挑战。在生态学界的一些人士看来，北京生态文明建设最后是否能够成功，最为重要的就是通过城市规模和边界控制、产业结构调整、环境污染治理、生态修复等一些手段，让北京的生态系统增强自我净化和调整的能力，最终进入良性循环的轨道。当然，这需要漫长的时间，不是一朝一夕就能完成。

十年树木，百年树人

三、为了蓝天、绿水，行动起来

地球给了我们水源与森林，给了我们美丽的环境，也给了我们清新的空气。但工业社会以来，在人类大规模的开发和利用自然的过程中，对自然却进行了过度的破坏。而这种对自然的破坏，又以很快的速度反作用在人类自身，人类已开始承受环境污染和破坏过后的恶果。建立健全的社会制度和规范，改变人们的消费观念，转变人们环境观念，增强环境意识，已成为扭转生态困境的不二法门。

生态北京建设，关键在于政府的政策措施和管理是否到位，而根本则在于公民的参与和治理。为了还首都北京的青山、蓝天和绿水，为了让北京更美，民众应该行动起来，共同参与到美丽北京的建设中来，参与到北京的生态文明建设中来。

保护环境，从我做起，从小事做起，从现在做起。节约每一度电、每一滴水，减少能源消耗；注重循环利用，一水多用；不践踏草地，不折损花枝，不虐待小动物；节约资源，不浪费粮食、不浪费纸张、节约用水；植绿护绿，一盆花、一棵树，都可以为绿化添砖加瓦；不乱扔垃圾、少用难降解的物品，拒绝一次性筷子，少使用一次性塑料袋。当每个公民都可以参与到北京的蓝天和绿水治理中，每个人都充当环境监督员的角色时，就是每个人都参与了美丽北京建设。

美丽北京建设，从我做起，从点滴做起。美丽北京建设，首都人民人人可为！生态北京建设，首都人民人人应为！相信在政府和公众的共同努力下，北京的生态环境将会得到很大的改善。

峰回路转